浙江华南梅花鹿研究系列丛书

# 浙江清凉峰华南梅花鹿研究

徐爱春 郭 瑞 章叔岩 翁东明◎著

中国林业出版社
China Forestry Publishing House

**图书在版编目（CIP）数据**

浙江清凉峰华南梅花鹿研究/徐爱春等著 . —北京：中国林业出版社，2022.12
（浙江华南梅花鹿研究系列丛书）
ISBN 978-7-5219-1977-6

Ⅰ.①浙…　Ⅱ.①徐…　Ⅲ.①梅花鹿 – 研究 – 浙江　Ⅳ.①Q959.842

中国版本图书馆 CIP 数据核字（2022）第 223536 号

## 内容简介

华南梅花鹿为国家一级保护野生动物，具有极高的生态学研究价值。浙江清凉峰国家级自然保护区是华南梅花鹿野生种群分布范围较大、数量较多的分布区之一。本书综述了华南梅花鹿分类地位以及现状，并简要介绍了浙江清凉峰华南梅花鹿的研究现状，在此基础上分别对华南梅花鹿种群数量、活动节律、分布格局、人为干扰、食性及寄生虫进行分析，同时对华南梅花鹿栖息地进行评价并探讨华南梅花鹿的遗传多样性。最后，在华南梅花鹿保护和研究工作的基础上，提出了目前保护与管理中存在的问题并给出相应策略，对下一步华南梅花鹿保护和研究工作提出展望。

本书适合高等农林院校师生使用，也可作为从事生物多样性调查与保护、野生动物研究以及自然保护区、湿地和森林公园等管理机构的科研与管理工作者的参考用书。

责任编辑：郑雨馨　张　健
封面设计：天元石

出版发行：中国林业出版社(100009，北京市西城区刘海胡同 7 号，电话 010-83143621)
电子邮箱：cfphzbs@163.com
网　　址：www.forestry.gov.cn/lycb.html
印　　刷：河北京平诚乾印刷有限公司
版　　次：2022 年 12 月第 1 版
印　　次：2022 年 12 月第 1 次印刷
开　　本：710mm×1000mm　1/16
印　　张：10　彩插 36
字　　数：260 千字
定　　价：128.00 元

# 序

梅花鹿是中国传统珍兽，体态轻盈，步姿优雅，棕红的毛皮上缀着朵朵白云般的斑点。它们静静地啃食青草，流连于山涧林地之间。一到春天，牡鹿的头顶便长出一对毛茸茸的嫩角。民间有关于梅花鹿许多美丽传说和故事。然而，梅花鹿身上最珍贵的是鹿茸。不知哪一代先人发现了鹿茸的药用价值。从此，梅花鹿便成为猎人寻猎的对象，也成为驯化的对象。

我第一次考察浙江清凉峰国家级自然保护区是25年前。我在《浙皖大山行·千顷塘的鹿》一文中记载了那次考察的经历。"'我们千顷塘有野生梅花鹿'，临安林业科学研究所的徐荣章一见面，就兴冲冲地告诉我。"清凉峰属于天目山脉，浙江临安位于清凉峰的东麓。清凉峰在临安市境内称为龙塘山——千顷塘。那时的保护区内还没有路，我们兴冲冲地上山，没见到梅花鹿，只见到千顷塘水库边的梅花鹿足迹，步行上山路上，徐荣章讲起过去猎鹿的故事：20世纪60~70年代，这一带活跃着一支猎鹿队。他们从大山那边的安徽宁国翻山越岭而来，在山上扎营住下，开始踏点侦察。猎鹿队的队员有分工。除了队长以外，队里的二号人物是"割刀"，他掌握着一把锋利无比的割刀，他整天趴在地面上，用利刀割断草茎，仔细辨认地上的梅花鹿脚印走向。一旦发现鹿群，领队便组织队员追赶。逐鹿像一场接力赛跑，每位队员负责一程。当鹿群经过时，一位队员奋力追赶，直到鹿群进入下一位队员的防区，下一位队员便接着开始下一程逐鹿的接力赛。

这是一场耗时间拼体力的追赶。一两周时间内猎手们白天逐鹿，夜间扎营休息。如此循环，大牡鹿被赶得精疲力竭。最后它连站立觅食都困难，只能卧在地上，将身旁的草茎、草根全部啃光。这时，领队会通知山里的乡民，"明日上午在许家后山上分鹿肉"。果然不假，在众人的围观下，猎手找到了大牡鹿，此时，大牡鹿再也跑不动了，它趴在地面一动不动，眼里流着泪，望着步步逼近的猎手。猎手在短距离内，几乎贴着鹿的身体开枪，猎杀了它。在场者均分得一份鹿肉。"割刀"和猎手则分得双份。领队小心翼翼地割下鹿茸，在火塘烘制焙烤，切成纸一样薄的薄片，全体队员论功行赏，瓜分鹿茸，然后打道回府。这是一个听起来令人毛发悚然的真实故事。这种狩猎的方法称为"活逼死鹿"，是一种原始的狩猎方法。但愿这样的故事不再发生。事实上，野生梅花鹿已被列为国家一级保护野生动物，这样的故事再也不会发生了。

似乎是残酷的狩猎故事的影响，在下山的路上，我们遇上一场倾盆大雨，只觉得顷刻间，大雨像倾盆的水一样泼下来，我们浑身上下顿时淋得湿透，茫茫雨幕遮住了前后的树和山。怎么办？我们走的是一条浙皖边境古道。道边有古人挖掘的防雨洞，石砌的小洞不到一人高，一米深，人可躲进去，却完全避不开飘落的雨水。我们只好继续上路。等我们跌跌撞撞回到驻地，浑身上下都湿透了，全是泥巴，连照相机的长焦镜头都灌进了半筒水。

梅花鹿喜欢在林间草坡栖息。俗话说"山败鹿来"。清凉峰一带人烟稀少，有大面积的毛栗林、山楂灌丛、山坡草场和高山沼泽地。然而，保存梅花鹿的栖息地并不容易。近年来，尽管森林植被渐渐恢复，梅花鹿的适宜栖息地仍在减少，如何保存清凉峰下这一群野生梅花鹿？如何保存梅花鹿的适宜栖息地？当时，我提出了这一问题。现在清凉峰的梅花鹿群已有所发展。

早先，我国从大小兴安岭到江南，从东南沿海到青藏高原东缘都有梅花鹿分布。今天，神州大地上只有四川若尔盖、江西桃红岭和浙江清凉峰仍有野生梅花鹿分布；21世纪初，人们又在吉林省发现了一小群野生梅花鹿。由于与家养梅花鹿混血，许多被认为是野生的梅花鹿已经不具纯粹的野生血统。野生梅花鹿种群分布区很小。清凉峰仍存有一定规模野生梅花鹿，自然是令人高兴的事。

浙江清凉峰晋升为国家级自然保护区之后，面貌发生了巨大变化。红外相机、监测视频和卫星定位颈圈等新技术的不断应用，使得梅花鹿不再是林中的隐士。华东师范大学、浙江农林大学、曲阜师范大学、中国科学院动物研究所、西华师范大学、浙江大学、浙江自然博物院、浙江师范大学、浙江理工大学、杭州师范大学、中国计量大学等高校院所相继在清凉峰开展了梅花鹿科学考察和研究工作。

本书中徐爱春、郭瑞、章叔岩、翁东明等先生综述了清凉峰华南梅花鹿的有关研究成果，写作了本《浙江清凉峰华南梅花鹿研究》，介绍了浙江清凉峰华南梅花鹿研究现状，综述梅花鹿分类地位，华南梅花鹿种群数量、活动节律、分布格局、人为干扰、食性及寄生虫、栖息地和遗传多样性。最后，总结了华南梅花鹿保护、管理和研究存在的问题提出了下一步工作展望。本书的出版填补了浙江清凉峰华南梅花鹿研究的空白。

在浙江清凉峰国家级自然保护区建区 25 周年之际，这本著作的出版，无疑是一份厚礼。我谨此作序祝贺！

2022 年 12 月

# 前 言

梅花鹿是一种东亚季风区特产的珍稀野生动物，在民间被视为祥兽、瑞兽，深受人们喜爱，具有较高的关注度。20世纪50年代，我国境内尚存6个梅花鹿亚种。然而，岁月不逮，山西亚种、河北亚种陆续均不幸灭绝；台湾亚种野外灭绝，仅余人工圈养种群；目前明确尚有野生种群存在的仅东北亚种、四川亚种和华南亚种（以下简称华南梅花鹿）。梅花鹿所有野生种群被世界自然保护联盟（IUCN）列为濒危物种，是国家一级保护野生动物。华南梅花鹿在20世纪20～30年代以前曾广泛分布于我国东部和南方地区，由于巨大的捕猎以及近几十年来适宜栖息地的不断减少，种群数量锐减。

近年来，以梅花鹿为重点保护对象的各级自然保护区相继建立，华南梅花鹿的安全有了保障，生存环境也得到进一步改善，种群数量得到较大提升。浙江清凉峰国家级自然保护区是华南梅花鹿野生种群数量较多的地区之一。保护区属典型亚热带季风区海洋性气候，气候条件温暖湿润、植被种类丰富。自20世纪90年代开始，随着保护区科研能力提升，有关华南梅花鹿的各项科学研究和野外调查有序进行，陆续开展了种群数量及分布、栖息地生境及选择、食物组成与采食习性、社会行为学、生长发育及繁殖习性、保护遗传学等方面的调查和研究，为华南梅花鹿的繁育、保护和管理提供了科学基础和理论依据。然而，囿于有限的科研资金和技术手段，调查和研究工作的投入性、连续性尚显不足。

自"十三五"规划以来，随着习近平生态文明思想、美丽中国建设的蓬勃兴起，践行浙江省林业局野生动植物保护管理总站实施了"浙江省珍稀濒危动植物抢救保护工程"。作为珍稀濒危物种，华南梅花鹿迅速被列入抢救保护物种，相继开展了华南梅花鹿种群数量及动态分布、活动节律与分布格局、人为干扰类型及时空分布格局、食性及寄生虫研究、栖息地适宜性评价以及保护遗传学等方面的野外调查和研究工作。在此基础上，结合保护区华南梅花鹿的保护及管理工作，我们整理了历年野外调查数据和研究成果，整合撰写了本《浙江清凉峰华南梅花鹿研究》。

浙江清凉峰国家级自然保护区的野外调查和研究显示，野生华南梅花鹿主要分布在千顷塘保护区和龙塘山保护区，种群密度 4.34±0.85 头/km²，种群数量为 247±48.5 头，即 198～295 头，连同保护区周边种群估计有 350 头左右。主要分布在童玉、千顷塘、小坪溪、大源塘等片区，其活动区域存在一定人类活动干扰。华南梅花鹿是以晨昏活动为主的昼行性动物，在 06:00～09:00 和 17:00～19:00 有两个较为明显的活动高峰，且活动强度基本一致。通过栖息地调查分析表明，华南梅花鹿最适宜栖息在海拔 993～1429m、坡度较为平缓的阳坡、以灌草丛为主、食物丰富度高、距居住点和道路较远的区域。梅花鹿栖息地适宜性分析显示，保护区最适宜、适宜、次适宜、不适宜栖息地面积分别为 529hm²、1518hm²、1622hm² 和 2021hm²。在保护区内，华南梅花鹿可采食 131 种植物，其中草本类植物 92 种，灌木类 31 种，乔木类 8 种。本书还对华南梅花鹿救护繁育试验场内的种群进行了寄生虫检测，发现体内寄生虫主要是以辐射食道口线虫、鹿网尾线虫、阔盘吸虫、莫尼茨绦虫以及其他球虫为主，体外寄生虫主要是长角血蜱。保护遗传学研究表明，试验场内华南梅花鹿现存群体遗传多样性丰富，存在一定程度的近交现象。

综上所述，本书是对浙江清凉峰华南梅花鹿近年来野外调查和研究成果的阶段性总结，希望本书的出版能够在浙江清凉峰华南梅花鹿保护及其管理水平的提升方面起到积极作用并提供相应的科技支撑。

本书第 1 章、第 2 章由浙江清凉峰国家级自然保护区管理局郭瑞高级工程师撰写，第 3 章至第 6 章、第 9 章由中国计量大学珍稀濒危野生动物与多样性研究所徐爱春教授、管峰副教授、葛建副教授及研究生刘周、周虎、谢培根等撰写，第 7 章由青海大学康明教授及中国计量大学徐爱春教授撰写，第 8 章由安徽大学李春林教授撰写，第 10 章由浙江清凉峰国家级自然保护区管理局翁东明、郭瑞和章叔岩高级工程师撰写；全书照片除单独署名外，均由章叔岩提供，全书由徐爱春、郭瑞统稿。

编写本书，得到了浙江省林业局野生动植物保护管理总站、浙江清凉峰国家级自然保护区管理局等单位的资金资助和大力支持；有幸请到中国科学院动物研究所蒋志刚研究员为本书作序；野外工作中得到了当地向导的积极协助。在此表示衷心感谢！

由于时间仓促和水平有限，疏漏和不足之处在所难免，敬请各位专家、学者批评指正。

著　者

2022 年 10 月

# 目　录

序

前　言

**第1章　华南梅花鹿地理分布及研究现状** ·············· 1

  1.1　地理分布及种群现状 ························· 1

    1.1.1　地理分布 ····························· 1

    1.1.2　梅花鹿种群现状 ····················· 4

  1.2　研究现状 ····························· 6

    1.2.1　形态特征 ····························· 6

    1.2.2　生态习性 ····························· 7

    1.2.3　种群数量与结构 ····················· 7

    1.2.4　栖息地选择 ························· 8

    1.2.5　食物组成与采食习性 ················· 8

    1.2.6　社会行为学研究 ····················· 9

    1.2.7　繁殖习性与生长发育 ················· 10

    1.2.8　保护遗传学研究 ····················· 10

**第2章　浙江清凉峰华南梅花鹿研究现状** ·············· 12

  2.1　保护区概况 ····························· 12

    2.1.1　地理位置与范围 ····················· 12

    2.1.2　自然环境 ····························· 13

    2.1.3　生物资源 ····························· 15

    2.1.4　种群与栖息地 ····················· 17

  2.2　研究简史 ····························· 18

2.2.1 种群数量调查 ·············· 18

2.2.2 生态学研究 ·············· 19

2.2.3 研究项目 ·············· 22

2.2.4 科研成果 ·············· 22

## 第3章 浙江清凉峰华南梅花鹿种群数量及其动态 ·············· 25

3.1 研究方法 ·············· 25

3.1.1 红外相机布设 ·············· 25

3.1.2 红外相机的安放 ·············· 25

3.1.3 照片的判读 ·············· 26

3.1.4 独立照片 ·············· 27

3.1.5 种群密度与数量 ·············· 27

3.2 结果与讨论 ·············· 28

3.2.1 相机安放数量及位点 ·············· 28

3.2.2 千顷塘保护片区物种多样性 ·············· 30

3.2.3 拍摄率与独立照片 ·············· 33

3.2.4 种群密度及数量 ·············· 35

## 第4章 浙江清凉峰华南梅花鹿活动节律与分布格局 ·············· 40

4.1 研究方法 ·············· 40

4.1.1 核密度估计方法 ·············· 40

4.1.2 分布强度与相对多度计算 ·············· 41

4.2 研究结果 ·············· 41

4.2.1 活动节律 ·············· 41

4.2.2 分布格局 ·············· 43

## 第5章 人为干扰类型与时空分布格局 ·············· 52

5.1 研究方法 ·············· 52

5.1.1 研究地点 ·············· 52

5.1.2 干扰类型 ·············· 53

5.1.3 数据分析 ·············· 53

5.2 研究结果 ·············· 54

5.2.1 干扰类型及数量情况 ……………………………… 54

5.2.2 干扰的时间格局与华南梅花鹿的活动节律 ……… 54

5.2.3 干扰的空间格局 ………………………………… 57

5.3 讨论与建议 ………………………………………………… 59

第6章 华南梅花鹿食性研究 ……………………………… 61

6.1 研究方法 ………………………………………………… 61

6.1.1 食物组成调查 …………………………………… 61

6.1.2 食物组成分析鉴定 ……………………………… 62

6.1.3 食物组成判定 …………………………………… 62

6.1.4 食源植物营养测定 ……………………………… 63

6.1.5 异噬植物次生代谢产物含量检测 ……………… 65

6.1.6 动物血液样品中齐墩果酸的测定 ……………… 67

6.2 研究结果与分析 ………………………………………… 68

6.2.1 食性分析 ………………………………………… 68

6.2.2 食源植物中营养成分和总能量 ………………… 70

6.2.3 非食源植物中活性成分含量 …………………… 73

6.2.4 食源植物营养成分与异噬分析 ………………… 73

6.3 讨论与建议 ……………………………………………… 74

6.3.1 讨论 ……………………………………………… 74

6.3.2 保护建议 ………………………………………… 75

第7章 浙江清凉峰华南梅花鹿种群寄生虫研究 ……… 77

7.1 常见寄生虫病 …………………………………………… 77

7.2 寄生虫检查与防治 ……………………………………… 78

7.2.1 粪便虫卵检查 …………………………………… 78

7.2.2 死后剖检检查 …………………………………… 79

7.2.3 外寄生虫检查 …………………………………… 82

7.2.4 寄生虫病防治 …………………………………… 85

第8章 浙江清凉峰华南梅花鹿栖息地适宜性评价 …… 86

8.1 保护区栖息地适宜性评价 ……………………………… 88

        8.1.1　研究方法　⋯⋯⋯⋯⋯⋯⋯⋯⋯⋯⋯⋯⋯⋯⋯⋯⋯　88

        8.1.2　研究结果与讨论　⋯⋯⋯⋯⋯⋯⋯⋯⋯⋯⋯⋯⋯　90

    8.2　保护区周边区域华南梅花鹿栖息地适宜性评价　⋯⋯　97

        8.2.1　研究区概况　⋯⋯⋯⋯⋯⋯⋯⋯⋯⋯⋯⋯⋯⋯⋯　98

        8.2.2　研究方法　⋯⋯⋯⋯⋯⋯⋯⋯⋯⋯⋯⋯⋯⋯⋯⋯　98

        8.2.3　结果与分析　⋯⋯⋯⋯⋯⋯⋯⋯⋯⋯⋯⋯⋯⋯⋯　99

        8.2.4　讨论与建议　⋯⋯⋯⋯⋯⋯⋯⋯⋯⋯⋯⋯⋯⋯　105

**第9章　华南梅花鹿保护遗传学研究**⋯⋯⋯⋯⋯⋯⋯⋯⋯　106

    9.1　微卫星标记在野生动物保护与评价中的应用　⋯⋯⋯　106

        9.1.1　鹿科动物保护遗传学研究　⋯⋯⋯⋯⋯⋯⋯⋯　106

        9.1.2　亲缘关系研究　⋯⋯⋯⋯⋯⋯⋯⋯⋯⋯⋯⋯⋯　107

        9.1.3　近交系数评测　⋯⋯⋯⋯⋯⋯⋯⋯⋯⋯⋯⋯⋯　109

        9.1.4　遗传瓶颈效应评价　⋯⋯⋯⋯⋯⋯⋯⋯⋯⋯⋯　111

        9.1.5　STR遗传多样性参数计算　⋯⋯⋯⋯⋯⋯⋯⋯　112

    9.2　保护遗传学评价　⋯⋯⋯⋯⋯⋯⋯⋯⋯⋯⋯⋯⋯⋯⋯　114

        9.2.1　研究材料与方法　⋯⋯⋯⋯⋯⋯⋯⋯⋯⋯⋯⋯　114

        9.2.2　研究结果与分析　⋯⋯⋯⋯⋯⋯⋯⋯⋯⋯⋯⋯　118

        9.2.3　讨论　⋯⋯⋯⋯⋯⋯⋯⋯⋯⋯⋯⋯⋯⋯⋯⋯⋯　123

**第10章　浙江清凉峰华南梅花鹿保护与管理**⋯⋯⋯⋯⋯　126

    10.1　栖息地现状　⋯⋯⋯⋯⋯⋯⋯⋯⋯⋯⋯⋯⋯⋯⋯⋯　126

        10.1.1　千顷塘保护片区　⋯⋯⋯⋯⋯⋯⋯⋯⋯⋯⋯　126

        10.1.2　龙塘山保护片区　⋯⋯⋯⋯⋯⋯⋯⋯⋯⋯⋯　130

    10.2　保护措施与成效　⋯⋯⋯⋯⋯⋯⋯⋯⋯⋯⋯⋯⋯⋯　131

        10.2.1　建立健全保护网络与设施，提高资源管护能力　⋯⋯⋯　131

        10.2.2　加强宣传，提高保护意识　⋯⋯⋯⋯⋯⋯⋯　132

        10.2.3　加大适宜生境恢复，改善适栖环境　⋯⋯⋯　132

        10.2.4　实施半生态试验，提高保护区科研能力　⋯⋯　133

        10.2.5　积极开展救护工作　⋯⋯⋯⋯⋯⋯⋯⋯⋯⋯　133

        10.2.6　加强科研协作，推进科研发展　⋯⋯⋯⋯⋯　134

    10.3　存在的问题与展望　⋯⋯⋯⋯⋯⋯⋯⋯⋯⋯⋯⋯⋯　136

        10.3.1　保护区内植被自然演替与栖息地恢复　⋯⋯⋯　136

10.3.2 天目山脉尺度下的种群现状与保护区群建设 ············ 137

10.3.3 种群扩散与迁移廊道 ····················· 138

10.3.4 救护繁育试验场内种群发展 ············ 138

10.3.5 野外救护体系建设 ······················ 139

**参考文献** ··········································· 140

# 第 1 章
## 华南梅花鹿地理分布及研究现状

梅花鹿（*Cervus nippon* Temminck，1938）是一种东亚季风区特产的珍贵经济药用动物，其野生种群被世界自然保护联盟（IUCN）列为濒危物种，为国家一级保护野生动物。梅花鹿在上新世晚期发源于中国的华北地区，更新世期间曾广泛分布于东北区、华北区、华中区、华南区、西南区和青藏区的东部。日本、朝鲜、俄罗斯远东以及越南亦有分布。由于更新世至全新世青藏高原的强烈抬升以及受冰期后人类活动的影响，其分布区急剧地缩减。

## 1.1  地理分布及现状

### 1.1.1  地理分布

梅花鹿隶属哺乳纲偶蹄目鹿科鹿属，是东亚季风区特有鹿类，曾广泛分布于俄罗斯西伯利亚乌苏里兰至越南北部，包括中国和日本等广大地区。我国东北、华北到华东、华南、华中和西南地区都有梅花鹿分布。自全新世后，梅花鹿分布区急剧缩减。Whitehead（1993）通过形态学特征将世界上分布的梅花鹿分为 13 个亚种，分布在中国、日本、朝鲜以及俄罗斯、越南等地。郭延蜀和郑惠珍（2000）通过收集历代研究者的有关资料，结合野外调查研究，对我国梅花鹿地史分布、种和亚种的划分以及演化历史问题进行了系统研究。

#### 1.1.1.1  化石和亚化石的地理分布

除现生种梅花鹿外，古生物学者依据已发现化石的角、牙齿、头骨等的形态将我国的梅花鹿定为 6 个种，分别为新竹斑鹿 *Cervus*（*Pseudaxis*）*sintikuensis* Shikama，1937；台湾斑鹿 *C.*（*P.*）*taevanus* Blyth，1860；葛氏斑鹿 *C.*（*P.*）*grayi* Zdansky，1925；大斑鹿 *C.*（*P.*）*magnus* Zdansky，1925；北京斑鹿 *C.*（*P.*）*hortulorum* Swinhoe，1864；东北斑鹿 *C.*（*P.*）*manchuricus* Swinhoe，1865。具体种的形态特征、分布和不同地质时代见表 1-1。

表 1-1　中国梅花鹿化石和亚化石地理分布

| 种名 | 形态特征 | 分布 | 时代 |
|---|---|---|---|
| 新竹斑鹿 C.（P.）sintikuensis | 个体很小，下颌骨很窄，牙齿侧扁，底柱不很发达，下颌骨底柱的宽度不超过 10mm | 台湾 | 早更新世 |
| 台湾斑鹿 C.（P.）taevanus | 大小与新竹斑鹿相近，下颌骨也很窄，但下颌骨底柱的宽度超过 10mm | 台湾 | 早更新世至现代 |
| 葛氏斑鹿 C.（P.）grayi | 个体较前两者大，角的第 2 枝与第 3 枝分叉的距离较远，第 3 枝与第 4 枝几乎同样大小 | 华北、东北、华中 | |
| 大斑鹿 C.（P.）magnus | 角较葛氏斑鹿小，第 2 枝与第 3 枝分叉的距离很短，第 3 枝比第 4 枝小 | 河南、山东、江苏 | 早更新世至中更新世 |
| 北京斑鹿 C.（P.）hortulorum | 角较纤细，第 2 枝与第 3 枝分叉的距离较远，第 3 枝比第 4 枝小成年的角较粗糙 | 华北、东北等地 | 晚更新世至现代 |
| 东北斑鹿 C.（P.）manchuricus | 角较北京斑鹿粗壮，表面粗糙且宽，有明显的沟 | 吉林、辽宁 | 晚更新世 |

### 1.1.1.2　近代梅花鹿的分布与分类

19 世纪 60 年代，诸多学者采用现代科学观点和方法对梅花鹿开展相关研究。通过对我国梅花鹿标本的采集、分类研究、地理分布和资源状况的调查统计，截至 20 世纪初，我国曾发现和记载有梅花鹿的地点约 30 处，分别位于东北、华北、华中、华南及西南等地。通过采集梅花鹿标本，在对已有标本的形态及地理分布进行研究的基础上，将我国的梅花鹿订正为 6 个亚种：东北亚种（*C. n. hortulorum* Swinhoe，1864）、华南亚种（*C. n. kopschi* Swinboe，1873）、四川亚种（*C. n. sichuanicus* Guo，Chen et Wang，1978）、台湾亚种（*C. n. taiouanus* Blyth，1860）、山西亚种（*C. n. grassianus* Heude，1884）和华北亚种（*C. n. mandarinus* Milne-Edwards，1871），其中山西亚种和华北亚种在 20 世纪 20 年代灭绝；现生梅花鹿有 4 个亚种，分别是东北亚种、华南亚种、四川亚种和台湾亚种（表 1-2）。Groves 和 Grubb（2011）将中国境内的梅花鹿划分为东北梅花鹿 *C. hortulorum*、华南梅花鹿 *C. pseudaxis*、四川梅花鹿 *C. sichuanicus* 和台湾梅花鹿 *C. taiouanus* 4 个物种。蒋志刚等（2015，2016）采纳了这一分类系统。

表 1-2　中国梅花鹿亚种分类及分布

| 亚种 | 拉丁学名 | 形态描述 | 中国分布 | 野生种群 |
|------|---------|---------|---------|---------|
| 台湾亚种 | *C. n. taiouanus* | 体小，夏皮和冬皮都有明显的白斑；夏毛为黄棕色，后颈色较深，白斑大 | 台湾 | 灭绝 |
| 东北亚种 | *C. n. hortulorum* | 体大，颈有鬣毛；冬皮无白斑或有不明显的白斑；夏毛红棕色，白斑大而稀，分布较均匀，腹部青灰色 | 黑龙江、吉林、辽宁 | 存疑 |
| 华北亚种 | *C. n. mandarinus* | 体较大，夏毛褐棕色，白斑大而稀，腹部白色，眶间宽大于上齿列长 | 河北、山东等地 | 灭绝 |
| 山西亚种 | *C. n. grassianus* | 体较大，尾较长；冬皮有不显著的白斑；上齿列与眶间宽几乎相等。 | 山西西部山区 | 灭绝 |
| 四川亚种 | *C. n. sinchuanicus* | 体大；冬皮无白斑或有不明显的白斑；夏毛深红棕色，白斑小而密，有成行的趋势；腹部白色，上齿列大于眶间宽 | 四川若尔盖、红原、甘肃迭部 | 存在 |
| 华南亚种 | *C. n. kopschi* | 体较小，冬皮无白斑或有不明显的白斑；夏毛黄棕色，白斑大，体侧白斑连成 4 条条纹，体侧中部白斑排列较稀疏，腹部淡棕色；眶间宽与上齿列长近相等 | 江苏、安徽、浙江、江西、湖南、广东、广西 | 存在 |

## 1.1.1.3　梅花鹿演化历史

弗辽罗夫（1957）认为梅花鹿是在上新世晚期由古北界三趾马动物群中的 *Axis speciasus* 或 *Axis pardinensis* 演化而来。迄今我国最早的梅花鹿化石发现于陕西渭南张家坡下更新统三门组的地层中，与其共生的动物有真枝角鹿 *Euctenoceros* sp.、古中华野牛 *Bison palaeosinensis* 和三门马 *Eguus anmeniensis*。早更新世的化石地点除台湾外都分布于华北区。新竹亚种的个体很小，牙齿侧扁，底柱不很发达等特征反映出它是一种原始的类型。虽然其化石现仅发现于台湾，但从台南左镇动物群中与其共生的早坂犀 *Rhinoceros hayasakal*、步氏麂 *Muntiacuscf bohlini*、台湾四不像鹿 *Elaphurus formous*、黑鹿 *Cervus（Rusa）* sp.、东方剑齿象 *Stegodon orientalis*、明石剑齿象 *Stegodon akashirnsis*、台湾猛犸象 *Mammathus armeniacus taiwanicus* 推测，它可能是在早更新世的冰期沿海地区发生海退时，从华北经东部滨海平原迁移到台湾，随后演化出台湾亚种。

早更新世一直生活在华北区的梅花鹿体型增大形成葛氏亚种，并分三路扩展开来。一路经华中区的东部丘陵平原向南分布到广东、广西和越南北部及中部，并向西扩展到贵州和云南的丽江盆地，在此扩展过程中葛氏亚种逐渐演化成江南亚种和越南亚种。Otsuka（1988）在对日本濑户内海地区获得的更新世梅花鹿角化石进行了深入的研究后认为，日本现生的 3 个亚种是由葛氏亚种在晚更新世之后演化而来。

四川西部若尔盖、炉霍等地的哺乳类化石表明,川西曾是华北动物群的延伸地,葛氏亚种可能在早更新世晚期从华北分布到青藏区的东部。晚更新世—全新世,随着青藏高原在早更新世和中更新世隆起的基础上又一次急剧抬升,川西高原气候日益严寒、干燥,森林—灌丛—草甸环境在许多地方消失,四川亚种作为边缘分布的残留仅在四川的若尔盖、红原、九寨沟和甘肃的迭部等局部地区残存下来。

## 1.1.2 梅花鹿种群现状

梅花鹿在我国的现生种群分别为东北亚种、华南亚种、四川亚种和台湾亚种,其中台湾亚种的野生种群已经灭绝,幸存的东北亚种、华南亚种和四川亚种的分布地相对狭窄,种群数量在 2000 头左右。

### 1.1.2.1 东北梅花鹿

20 世纪 70 ~ 80 年代,在对吉林和黑龙江的野生动物调查中发现,吉林的抚松、安图、敦化、汪清、龙井、珲春等地和黑龙江的东宁、宁安、海林、林口、尚志、延寿等地均有梅花鹿分布,种群数量在 168 头左右。20 世纪末,中国、美国、俄罗斯 3 国专家在珲春地区对东北虎的调查和全国陆生野生动物资源调查证实在我国吉林珲春与俄罗斯交界处仍保留着一个健壮的野生种群,种群数量在 300 头左右。

在黑龙江东南部、吉林东部邻近边境地区,黑龙江的穆棱东北红豆杉国家级自然保护区、老爷岭东北虎国家级自然保护区,吉林的珲春东北虎国家级自然保护区、长白山国家级自然保护区等地有少量分布。近年来,东北虎豹国家公园调查结果显示,园区内东北梅花鹿种群逐渐恢复,截至 2021 年调查到园区内野生种群共分布 1000 余头。

### 1.1.2.2 四川梅花鹿

1964 年 6 ~ 7 月,四川省中药研究所在四川西北部的若尔盖县调查动物资源时,先后获得梅花鹿标本 5 头,经郭倬甫、陈恩渝、王酉之等鉴定,该种为梅花鹿四川亚种。1965 年建立四川铁布梅花鹿自然保护区。

现有结果表明,四川梅花鹿近代的分布范围位于青藏高原东部边缘山地、岷山山系北段。目前已退缩为相对隔离的 3 块片区,包括铁布分布区(四川省若尔盖县铁布梅花鹿省级自然保护区和占哇、降扎,甘肃省迭部县益哇、电朵等地)、巴西分布区(四川省若尔盖县巴西、阿西茸、求吉、包座和九寨沟县的大录等地、白河分布区(四川省九寨沟县白河国家级自然保护区和白河、罗依、马家、农康等地）。2000 年的调查结果显示，四川梅花鹿分布区共分布野生种群 800 余头。

### 1.1.2.3　华南梅花鹿

华南梅花鹿主要分布在安徽南部、江西东北部和浙江西北部。随着环境的日益恶化、受人为干扰的影响，栖息地片段化日益加剧，适宜华南梅花鹿生存的空间不断缩小，浙江和江西分别建立了以华南梅花鹿为重点保护对象的国家级自然保护区。除保护区外，华南梅花鹿还在安徽南部的黄衮山和大会山地区有分布，但历史资料记载，该地区由于植被稀疏、山地开垦，华南梅花鹿食物缺乏，种群难以发展。目前仅于浙江清凉峰国家级自然保护区（以下简称清凉峰保护区）的安徽省宁国市万家乡有少量种群活动（表 1-3）。近些年来，由于缺乏系统的野外调查，研究及管理人员对华南梅花鹿的分布现状及生物学研究进展等知之甚少，仅在华南梅花鹿分布较为密集的 2 个保护区内有开展部分野外调查和研究。

表 1-3　华南梅花鹿分布状况

| 省份 | 地区 | 密度等级 | 分布点 |
| --- | --- | --- | --- |
| 浙江省 | 清凉峰 | 一般（++） | 马啸、大峡谷、鱼跳、千顷塘、干坑、大源塘、道场坪、大坪溪 |
| | 天目山 | 稀有（+） | 西关 |
| | 龙王山 | 稀有（+） | |
| 江西省 | 桃红岭 | 最密（+++） | 桃红岭、显灵庵、陡岭、南蜡烛尖、龙王殿 |
| 安徽省 | 黄衮山 | 稀有（+） | 泾县、旌德、宁国万家 |
| | 大会山 | 稀有（+） | 旌德、绩溪（浩寨） |
| | 泾县西部 | 稀有（+） | 云岭、梅里、厚岸 |
| | 西武林场 | 稀有（+） | 黟县、祁门 |

注：+代表程度，数量越多则程度越强。

1980 年 12 月，江西省和九江地区林垦部门开展动物资源调查，首次在彭泽县域内获得一头梅花鹿雄性个体，经鉴定为华南梅花鹿。1981 年 3 月，江西省人民政府批准成立自然保护区。1987 年组织考察队进行全面科考，估算梅花鹿种群数量为 112 头左右。2001 年 6 月，保护区晋升为江西桃红岭梅花鹿国家级自然保护区（以下简称桃红岭保护区），对区内的梅花鹿华南亚种等野生动植物资源依法进行保护，无序砍伐和非法猎捕等违法行为得到有效遏制，梅花鹿华南亚种的生存环境日益改善，种群数量逐渐恢复并不断增长。2021 年最新研究结果显示，江西桃红岭梅花鹿华南亚种种群数量约为 624 头。

1965 年，国家林业部狩猎管理处对临安野生华南梅花鹿保护情况进行了调查，估算野生华南梅花鹿种群在 40 头左右。1985 年浙江省政府批准成立了自然保护区，并在华南梅花鹿活动的中心片区建立了保护观察站、点。1987 年由浙江省林业厅组织有关单位对华南梅花鹿分布区域的实地考察显示，其种群数量已经增长到 80 头左右。1997 年省级自然保护区扩区，1998 年晋升为浙江清凉峰国家级自然保护区，华南梅花鹿的保护和科研工作得到了高度重视，在上级领导的支持和保护区工作人员的努力下，华南梅花鹿种群数量呈稳步上升趋势。2014 年采用网格法，通过红外相机对华南梅花鹿种群估算，保护区内共有野生华南梅花鹿 160 ~ 210 头，种群数量稳步增长。

## 1.2　研究现状

华南梅花鹿为国家一级保护野生动物，也是诸多梅花鹿野生种群中分布范围较大、数量较多的野生种群，具有极高的科学和生态学研究价值。随着以华南梅花鹿为重点保护对象的国家级自然保护区的建立，华南梅花鹿的安全有了保障，生存环境也得到进一步改善，种群数量也有较大的提升。与此同时，有关华南梅花鹿的各项科学研究也有序进行，主要开展了野外种群调查、栖息地生境选择、采食资源研究等一些基础性研究，同时也开展了有关其生境质量评价体系、种群分布格局、遗传多样性等方面的研究。

## 1.2.1　形态特征

华南梅花鹿体型中型，成年体长 140 ~ 160cm，尾短小。耳直立，颈较长。躯干并不粗大，四肢细长。背中线自耳基到尾端有 1 条明显的黑线，沿脊背在体侧有数行不规整的白色斑点。腹毛白色，有黑色边缘。鼠蹊部白色，尾背黑色，腹面和臀斑白色。雄鹿有角，雌鹿无角。角生长完全时常有 3 ~ 5 叉，以 4 叉最多，眉叉斜伸向前，第 2 枝为高位分叉，在主干末端再分成 2 小枝。全身毛色随季节变化而变化。夏毛稀疏棕黄色，有鲜明的白色斑点；冬毛稠密有绒毛无斑点或很模糊。头骨门齿孔小于眼窝直径，鼻骨细长。两额骨后半部相接处隆起成脊状。顶骨平坦，向后倾斜。雄性头骨在额骨后外侧突起，向后伸出鹿角。鼻骨、额骨、上颌骨和泪骨之间的空隙呈长方形。泪窝明显。齿式 $\frac{0.1.3.3}{3.1.3.3} = 34$。上犬齿小，上前臼齿有新月形齿突 1 对，臼齿 2 对，齿突排成 2 列。臼齿内缘两齿谷间有一细小齿柱。下颌门齿与犬齿排成横列，最内 1 对门齿最大。

## 1.2.2 生态习性

华南梅花鹿主要栖息于丘陵山地，一般在海拔 300～1400m 的林中，尤喜阔叶林、混交林、灌丛、采伐迹地及河谷灌林等生境。常见于向阳的缓坡以及茅草茂密、食物较为丰富的半山地带区。夏季天气炎热，常栖息于中高海拔的密林中，傍晚或清晨出没于灌丛觅食；冬季天气寒冷则主要栖息于低海拔的空地、悬崖处。华南梅花鹿晨昏活动，常单独或成对生活，其听觉和嗅觉发达，性情机警，胆小易惊，遇到天敌或惊吓会迅速逃跑。华南梅花鹿 1.5 岁达性成熟，一般在秋末冬初（9～12 月）发情交配，怀孕期约 6 个月，春末夏初（4～7 月）产仔，每胎 1 仔，偶有 2 仔，小鹿出生后数小时就能站立，第 2 天可随母鹿跑动，仔鹿的哺乳期为 4 个月左右。

## 1.2.3 种群数量与结构

20 世纪 90 年代初开始对华南梅花鹿的分布及其种群数量进行了调查，江西桃红岭梅花鹿国家级自然保护区分布数量在 200 头左右；浙江清凉峰国家级自然保护区分布 100 头左右；黄衮山和大会山地区的栖息地破坏严重，其分布的数量十分稀少，估计在 20 头左右；泾县西部地区和黟县西武林场分布的数量更加稀少，几乎无分布。随着保护区的建立，华南梅花鹿的栖息地生境得到了很好的保护，加之执法力度的加强、植被的恢复，华南梅花鹿的种群数量得到了较好的发展。

清凉峰保护区华南梅花鹿的种群数量近年来研究较少，仅于 2006、2007 年江傲等采用样带法、雪地足迹计数法以及样地至高点观察法，对区内华南梅花鹿种群数量进行了调查。结果表明，华南梅花鹿种群平均密度为 1.84 头/km²，种群数量已经达到 150 头左右。桃红岭保护区于 2011 年对保护区内华南梅花鹿进行了种群数量调查。蒋志刚等采用广义样线法，利用概率模型对区内华南梅花鹿的种群数量进行了统计。结果表明，华南梅花鹿的平均密度为 2.92 头/km²，种群数量为 365 头，较 2006 年的调查结果（321 头）呈增长趋势。

梅花鹿主要以集群的方式活动，同时也有单独活动的现象。梅花鹿的群体大小及最大群体在不同分布区域存在一定的差异，但不同学者对梅花鹿的集群类型有不同的看法。付文强对桃红岭华南梅花鹿的种群结构进行了研究。结果表明，该亚种华南梅花鹿可分为族群、单雌个体、母仔群、单雄个体、雄鹿群、繁殖群和混合群 7 种社群类型；野外种群的平均大小为 2.2 头/群，且成体、亚成体和幼体的比例为 4.0:1.0:1.3，成体雌雄比为 2.6:1.0。华南梅花鹿的种群结构中各种社群的观察比例也随着季节、地形、植被类型的变化而变化。马继飞等的研究结果显示，清凉峰保护区内 96.0% 的华南梅花鹿全年选择集群生活，其野外种群中最大集群有 12 头，最小的有 2 头，平均为 3.2 头。

## 1.2.4 栖息地选择

栖息地是动物群落赖以生存和发展的自然空间，栖息地的恶化、破碎化以及改变对种群的延续和繁衍具有重要影响。因此，动物栖息地生境的选择及利用研究，可为深入了解该物种的生存状况、生存环境与进化的关系以及维护动物种群的发展提供基础。目前有关华南梅花鹿的栖息地的研究较少，仅有马继飞和杨月伟等通过直接跟踪法和样方法对清凉峰保护区华南梅花鹿的冬春栖息地的特征以及栖息地选择的季节性变化进行了研究。结果表明，华南梅花鹿倾向于选择灌草丛—沼泽和灌丛、郁闭度较低、食物资源丰富、上坡位、海拔高于 1200m、人为干扰距离大于 1000m、向阳以及坡度平缓的环境。随着季节的变化华南梅花鹿对栖息地生境具有一定的选择性。秋冬季节多选择离水源较近、较为平缓的西坡和南坡的灌木层和草本层活动，在乔木层活动较少；春季其主要选择草甸环境。与清凉峰保护区的华南梅花鹿相似，付义强等（2006）参照了马继飞的测定方法，对江西桃红岭梅花鹿国家级自然保护区的华南梅花鹿栖息地选择的研究结果表明，华南梅花鹿喜好灌草丛、郁闭度较低、灌木盖度较小、食物丰富度高、半阴半阳及向阳、中坡位、坡度平缓、人为干扰距离大于 800m 和海拔高度在 300~450m 的环境。此外，刘建（2007）还对桃红岭华南梅花鹿的栖息地生境选择和生境改良进行了研究。结果显示，华南梅花鹿对栖息地生境的选择偏好坡度为 15°~45°、人为干扰小、开阔、水源较近的生境。研究还表明地形特征、植被特征、水源以及人为干扰是影响华南梅花鹿对生境利用的主要因素。

## 1.2.5 食物组成与采食习性

华南梅花鹿采食种类丰富，并随着季节性的变化而变化。刘建（2007）和董良钜（2007，2009）等分别对桃红岭和清凉峰保护区内华南梅花鹿的食物组成及采食习性进行了研究，结果表明，该华南梅花鹿亚种不同季节采食乔木、灌木和草本的比例各不相同：冬春季华南梅花鹿采食木本植物较多，这可能与木本植物枝条中蛋白质含量相对较高有关；夏秋季则主要采食种类丰富、数量较多的草本植物。值得注意的是，由于植物种类的分布和数量不同，两个保护区内华南梅花鹿采食的植物种类也各不相同。研究结果表明，华南梅花鹿在清凉峰保护区采食植物种类共计 174 种，其中主要采食或经常采食的植物有 59 种，占采食植物总种数的 33.9%；所有采食植物中，禾本科 Gramineae、蔷薇科 Rosaceae、豆科 Leguminosae、百合科 Liliaceae、菊科 Asteraceae、莎草科 Cyperaceae、忍冬科 Caprifoliaceae、樟科 Lauraceae 和虎耳草科 Saxifragaceae 占总采食种类的 56%；桃红岭保护区内华南梅花鹿主要采食种类为 41 种，全年采食木本植物种类和数量大于草本植物。

对文献记载的华南梅花鹿主要分布区的采食植物种类进行统计，发现华南梅花鹿主要采食植物种类共计 40 科 87 种，其中乔木类植物种类 10 科 15 种，占总种数的 17.2%，主要包括壳斗科 Fagaceae 3 种，蔷薇科、胡桃科 Juglandaceae 和五加科 Araliaceae 各 2 种，桦木科 Betulaceae、漆树科 Anacardiaceae、山茱萸科 Cornaceae、杉科 Taxodiaceae、豆科和卫矛科 Celastraceae 各 1 种；灌木类植物 15 科 31 种，占总种数的 35.6%，采食蔷薇科植物种类最多为 6 种；草本类植物种类 20 科 41 种，占总种数的 47.2%。此外，随着季节的更迭和采食植物种类的变化，华南梅花鹿采食的植物部位也各不相同。冬季主要采食灌木类植物的果实和嫩梢；春季主要采食灌木的枝梢叶、芽和花以及草本植物的嫩叶。夏季主要采食蛋白质含量高、生长茂盛的草本、灌木和乔木的茎叶、花、果实和枝条。秋季则多趋向选择养分含量较高植物的叶、花、果实。

## 1.2.6　社会行为学研究

社会行为在社群性哺乳动物中具有重要作用，主要包括与性别有关的求偶行为、交配行为、繁殖行为、双亲行为以及与性别无直接关系的领域行为、社会等级行为等。付义强等通过多年的实地观察和资料统计对华南梅花鹿的主雄社会行为进行了初步研究。结果显示，华南梅花鹿主雄共有 6 类社会行为，分别是等级序位的建立与维持、声音通讯、领域性、争雌打斗、交配和护群，且在繁殖前期主雄具有绝对交配权，随着时间推移以及体力的消耗，次雄和其他单雄可通过偷袭的方式获得交配。

声音通信是哺乳类动物传递信息的主要方式之一，在其社群生活中具有重要作用。付义强等通过直接观察和声谱分析的方法对华南梅花鹿的声音通信进行了初步研究。研究结果显示，华南梅花鹿有警戒叫声、求偶叫声、呼唤叫声和团体合唱声 4 种特点较为分明的叫声类型。其中，成体雄鹿在发情期叫声多变，以求偶叫声最为多见；对于有外来入侵者进入其领域时，常会发出警戒吼叫威慑入侵者；成体雌鹿在发情期不发出异常叫声，通常主要靠呼唤同伴叫声与其交流；同时，族群之间也主要通过雌鹿的团体合唱声进行交流。

## 1.2.7　繁殖习性与生长发育

生长发育是遗传因素与环境共同作用的结果。华南梅花鹿为草食动物，为了生存，具备生性警觉、听觉发达、嗅觉灵敏、奔跑能力强等特点。章叔岩等（2007）采用观察记录和定期测量的方法对清凉峰半圈养雌性华南梅花鹿的生长发育进行了研究。结果表明，自华南梅花鹿的幼鹿生长开始，体重一直保持高速生长趋势。其中，2月龄前，耳长、尾长等感知外界环境的器官优先生长；2~6月龄，其体长、肩高、臀高等逃避天敌的器官明显增长较快。华南梅花鹿每年3~4月开始换毛并逐渐出现梅花斑点，10月开始脱夏毛换冬毛至梅花斑点逐渐消失，体色接近烟褐色。华南梅花鹿雄性个体出生后第2年开始生出锥形角，第3年出现枝角，以后每年增加一杈，直至发育完全的4杈型；通常每年4~5月开始长出茸角，8月开始骨化，茸皮脱落，至翌年4~5月骨化的角脱落重新长出茸角。

雌性华南梅花鹿幼体至性成熟需要16~18个月，雄性为30个月左右。公母鹿发情交配的时期主要为每年8月底至9月下旬的每天清晨和午后，交配后各自分开活动。经过7~8个月（妊娠期）后于翌年的5月中旬至6月末产仔，通常胎产1仔，偶有2仔，小鹿出生后数小时就能站立，第2天可随母鹿跑动，仔鹿的哺乳期约为4个月。

## 1.2.8　保护遗传学研究

保护遗传学能够评估人类对生物多样性的影响，提出预防和保护物种灭绝的具体措施，其对生物多样性的保护具有重要作用。Wu（2004，2005）等利用分子标记的方法，分别对东北梅花鹿、四川梅花鹿与江西和浙江的华南梅花鹿进行了系统的遗传学研究。结果表明，东北梅花鹿、四川梅花鹿与江西和浙江的华南梅花鹿具有较远的系统发生关系，而江西的华南梅花鹿和浙江的华南梅花鹿具有较近的系统发生关系。此外，浙江的华南梅花鹿种群，具有最为丰富的遗传多样性，它与东北梅花鹿均具有很强的抗病能力。因此，从基因的多样性保护出发，对浙江和东北种群予以优先和特殊保护。刘海等（2003）和Lu等（2006）通过对我国多个梅花鹿种群的线粒体脱氧核糖核酸

（mtDNA）控制区序列进行了对比和分析。结果表明，台湾种群与东北、四川种群具较近的亲缘关系，但与华南种群亲缘关系较远。此外，通过对比还发现，浙江种群与东北种群、四川种群、江西种群 3 个种群之间遗传分化显著，无基因交流存在。

# 第2章

## 浙江清凉峰华南梅花鹿研究现状

　　浙江清凉峰国家级自然保护区（以下简称清凉峰保护区）属典型亚热带季风气候区，属海洋性气候，其气候条件温暖湿润、植被种类丰富适宜华南梅花鹿的生存，因此它是华南梅花鹿野生种群数量较多的地区之一。同时，保护区内分布的华南梅花鹿种群是我国最东南端、遗传多样性基因最丰富的种群，具有较高的科学研究和经济价值。自保护区建立以来，保护区积极推进梅花鹿研究工作，于2006年成立清凉峰华南梅花鹿研究所，并与浙江大学、浙江农林大学等高校科研院所合作，分别对华南梅花鹿的种群数量、栖息地、采食习性、生长发育、遗传学等方面进行了研究，取得了一定的成果，为梅花鹿的保护研究打下扎实基础。

## 2.1　保护区概况

### 2.1.1　地理位置与范围

　　清凉峰保护区是以保护华南梅花鹿、香果树、夏蜡梅等为主要保护对象的森林生态类型国家级自然保护区。清凉峰保护区位于浙江西北部的杭州市临安区境内（118°50′57″~119°13′23″E，30°00′42″~30°19′33″N），西面与安徽省绩溪、歙县二县的安徽清凉峰国家级自然保护区接壤；北面与安徽省宁国市毗邻；南部与浙江省淳安县交界；东面与天目山国家级自然保护区遥遥相望。主峰清凉峰，海拔1787.4m，系天目山脉最高峰，也是浙西第一高峰，有"浙西屋脊"之称。保护区总面积11 252hm²，分别由龙塘山森林生态系统保护片区、千顷塘野生梅花鹿保护片区、顺溪坞珍稀濒危植物保护片区（以下简称龙塘山保护片区、千顷塘保护片区、顺溪坞保护片区）3部分组成，东西跨度40km，南北跨度36km。其中龙塘山保护片区位于西部，片区面积4482hm²；千顷塘保护片区位于北部，面积5690hm²；顺溪坞保护片区坐落于南部，面积1080hm²。各片区功能区面积见表2-1。

表 2-1　浙江清凉峰各片区功能区面积统计表　　单位：hm²

| 保护片区 | 核心区面积 | 缓冲区面积 | 实验区面积 | 合计 |
|---|---|---|---|---|
| 龙塘山 | 831 | 817 | 2834 | 4482 |
| 千顷塘 | 1696 | 964 | 3030 | 5690 |
| 顺溪坞 | 309 | 216 | 555 | 1080 |
| 合计 | 2836 | 1997 | 6419 | 11252 |

## 2.1.2　自然环境

### 2.1.2.1　地质地貌

清凉峰保护区地处浙西北地区，在地质构造上属扬子板块东南缘，与华夏古陆块相邻。地质构造类型主要有学川—白水塘复背斜和昌化—普陀大断裂。浙江清凉峰地区不同时代地层发育较为齐全，地层和岩石主要类型包括中生代侏罗系上统黄尖组、劳村组火山岩；古生代石炭系中统黄龙组灰岩、上统船山组灰岩；元古代上震旦系蓝田组硅质页岩、白云岩、炭质和硅质页岩；下震旦系南沱组冰积岩和休宁组为粉砂质泥岩、粉砂岩。

清凉峰保护区位于杭州市临安区西部，与安徽省相邻，地形西高东低，西部分布 1000m 以上陡峭山体，其中的清凉峰是钱塘江流域最高山峰，海拔 1787.4m，山脊线海拔高度为 1500~1787m，属中山地貌；东区、南区为低山山体，山脊线海拔为 1000m 上下，为低山地貌。区内夷平面发育，尤其以第一级夷平面最为发育，即海拔 1100m 左右发育较多的夷平面，如浙西天池火山机构和清凉峰火山岩地貌、高山草甸、龙塘山岩溶地貌景观。在海拔 1500m 上发育山顶夷平面，有高山湿地，如清凉峰九天花甸、龙池高山湿地等。

### 2.1.2.2　土壤

根据浙江省森林土壤和分布，清凉峰保护区可划分为浙西北天目山乌龙山中山丘陵黄红壤棕黄壤区，浙西北天目山中山丘陵黄红壤棕黄壤亚区。依据土壤亚类进行分类，千顷塘保护片区包含 4 个土壤亚类，分别为黄红壤、黄壤、棕黄壤和草甸土。其中黄壤主要分布在西北边界区域和东南边界区域；东南边界区域分布着面积较小的黄红壤；千顷塘中部地区和西北地区分布着较为零星的草甸土地块，其余均为棕黄壤分布区域，呈现集中连片式分布，且分布范围较广。

龙塘山保护片区地貌类型较为复杂，该片区土壤亚类可分为 7 种类型，分别包括红壤、黄红壤、黄壤、棕黄壤、草甸土、棕色石灰土和黑色石灰土。其中红壤面积较小，主要分布在西北的边界地区；黄红壤分布较为分散，在龙塘山的西北、东北和南部边界区域均有不同程度的分布；黄壤面积最大，呈集中连片式分布；棕黄壤主要分布在龙塘山的中西部地区，分布面积较广，仅次于黄壤；草甸土面积较小，在棕黄壤区域中呈条带状分布，其余部分呈零星状分布；棕色石灰土和黑色石灰土面积均较小，分别分布在东北边缘地区和西北部边缘地区。

顺溪坞保护片区总体海拔较高，面积较小，母岩类型较为单一，土壤类型较少，主要包括黄红壤、黄壤、棕黄壤和草甸土4种土壤类型。黄壤面积较小，主要分布在顺溪坞的中北部边缘地区；棕黄壤面积最大，在整个顺溪坞地区均有分布，分布范围广；草甸土面积最小，分布较为零散，在顺溪坞的东部、东南部和中南部边缘地区均有分布。

### 2.1.2.3 气候

清凉峰保护区地处浙江省西北部、中亚热带季风气候区南缘，属季风性气候，温暖湿润、光照充足、雨量充沛、四季分明。地势西北高，东南倾，冷平流难进易出，暖平流易进难出，形成温暖湿润的气候特色。清凉峰地势高低悬殊，立体气候明显，从山脚至山顶平均气温由15℃降至8℃，年温差约7℃，相当于横跨亚热带和温带两个季风气候带。清凉峰龙塘山年平均气温12.5℃，极端最高气温35.3℃，极端最低 - 15.9℃，年平均降水量2331.9mm；顺溪坞年平均气温14.7℃，极端最高气温39.9℃，极端最低 - 10.3℃，年平均降水量2048.0mm；天池千顷塘年平均气温11.7℃，极端最高气温35.4℃，极端最低 - 13.8℃，年平均降水量1862.2mm。

### 2.1.2.4 水系

清凉峰保护区是典型的副热带季风气候区。山脉呈西南—东北向，与季风前进方向几成正交。由于山脉抬升作用，迎风雨量增多。本地区是分水江流域的暴雨中心，也是浙江省主要暴雨中心之一。清凉峰保护区位于昌化溪上游是昌西溪、颊口溪、杨溪的发源地，区内水资源丰富，其河流的特征主要表现为：水量季节性变化大，水清、流急、落差大；丰水期自3月下旬开始，6月达到高峰，枯水期自11月中旬开始，翌年2月结束。

### 2.1.2.5 植被

根据《浙江清凉峰生物多样性研究》的调查结果，可依据群落物种组成、外貌和结构、动态特征，以及各样地优势种和标志种对清凉峰的植被类型进行划分。龙塘山保护片区的主要植被类型为针阔叶混交林、落叶阔叶林、常绿落叶阔叶混交林、针叶林、竹林及少量的落叶阔叶灌丛和高山草甸。千顷塘保护片区的主要植被类型为落叶阔叶林、针叶林、针阔叶混交林及少量的常绿阔叶林和草甸。顺溪坞保护片区的主要植物类型为落叶阔叶林、常绿阔叶林、针阔叶混交林及少量的针叶林。

## 2.1.3 生物资源

清凉峰保护区属典型亚热带季风区海洋性气候，因其气候条件温暖湿润、植被类型多样，植物区系组成复杂，有一定的多样性、复杂性、原生性，是中国东部中亚热带森林的典型代表。保护区不仅动植物资源丰富，还拥有多种珍稀濒危动植物及其特有属种。

### 2.1.3.1 植物资源

清凉峰保护区地处偏僻，地质古老，地形地貌复杂，海拔高低悬殊，植物种类丰富，区系组成复杂。调查显示，清凉峰保护区共有高等植物 2452 种（除栽培植物外共有高等植物 2271 种），如表 2-2 所示。

**表 2-2 浙江清凉峰国家级自然保护区野生高等植物资源统计**

| 分类单位 | 苔藓 | | | 维管植物 | | | | | |
|---|---|---|---|---|---|---|---|---|---|
| | 合计 | 苔类 | 藓类 | 蕨类合计 | 种子植 | | | | |
| | | | | | 合计 | 裸子植物 | 被子植物 | | |
| | | | | | | | 小计 | 双子叶植物 | 单子叶植物 |
| 科 | 62 | 20 | 42 | 34 | 158 | 4 | 154 | 129 | 25 |
| 属 | 143 | 29 | 114 | 71 | 748 | 8 | 740 | 577 | 163 |
| 种 | 337 | 49 | 288 | 176 | 1758 | 11 | 1747 | 1431 | 316 |

根据国家林业和草原局、农业农村部公告的《国家重点保护野生植物名录》，保护区共分布国家重点保护野生植物 50 种。其中，属于国家一级保护野生植物的有银杏、南方红豆杉、象鼻兰、银缕梅 4 种；国家二级保护野生植物 46 种，分别为桧叶白发藓、蛇足石杉、四川石杉、金发石杉、闽浙马尾杉、巴山榧树、榧树、金钱松、华东黄杉、（凹叶）厚朴、鹅掌楸、夏蜡梅、天竺桂、华重楼（变种）、狭叶重楼、荞麦叶大百合、天目贝母、白及、独花兰、杜鹃兰、蕙兰、春兰、扇脉杓兰、细茎石斛、铁皮石斛、天麻、台湾独蒜兰、六角莲、短萼黄连、连香树、浙江蘡薁、野大豆、广东蔷薇、小勾儿茶、长序榆、大叶榉树、台湾水青冈、金荞麦、黄山梅、软枣猕猴桃、中华猕猴桃、大籽猕猴桃、香果树、七子花、大叶三七（变种）、明党参。

根据《浙江省人民政府关于公布省重点保护野生植物名录（第一批）的通知》的《浙江省重点保护野生植物名录（第一批）》，保护区共分布有浙江省重点保护野生植物 38 种。其中，蕨类植物千层塔 1 种，被子植物华西枫杨、华榛、天目朴、孩儿参、草芍药、猫儿屎、江南牡丹草、三枝九叶草、红毛七、天目木兰、天女花、天目木姜子、白花土元胡、全缘叶土元胡、平枝栒子、鸡麻、钝叶蔷薇、野豇豆、山绿豆、秃叶黄皮树、珍珠黄杨、膀胱果、安徽槭、天目槭、三叶崖爬藤、杨桐、秋海棠、中华秋海棠、天目瑞香、锈毛羽叶参、岩茴香、睡菜、曲轴黑三棱、薏苡、北重楼、白穗花、延龄草37 种。

保护区国家重点及省重点保护野生植物统计情况见表2-3。

**表 2-3　浙江清凉峰国家级自然保护区国家重点及省重点保护野生植物统计**

| 保护级别 | 苔藓 | 蕨类 | 裸子植物 | 被子植物 | 合计 |
|---|---|---|---|---|---|
| 国家一级保护野生植物 | / | / | 2 | 2 | 4 |
| 国家二级保护野生植物 | 1 | 4 | 4 | 37 | 46 |
| 浙江省重点保护野生植物 | / | 1 | / | 37 | 38 |
| 合计 | 1 | 5 | 6 | 76 | 88 |

### 2.1.3.2　动物资源

清凉峰保护区在中国动物地理区划上属东洋界华中区。由于自然环境优越，植物种类丰富，为野生动物生存及栖息创造了极为优越的条件，动物种类十分丰富（表2-4）。

**表 2-4　浙江清凉峰国家级自然保护区动物资源统计**

| 分类单位 | 无脊椎动物 | | 脊椎动物 | | | | |
|---|---|---|---|---|---|---|---|
| | 蜘蛛 | 昆虫 | 鱼类 | 两栖类 | 爬行类 | 鸟类类 | 兽类类 |
| 目 | / | 27 | 6 | 2 | 3 | 16 | 8 |
| 科 | 26 | 256 | 15 | 3 | 9 | 53 | 18 |
| 属 | 93 | 1598 | 47 | 18 | 26 | 128 | 42 |
| 种 | 138 | 2567 | 56 | 28 | 32 | 190 | 49 |

根据国家林业和草原局、农业农村部公告（2021 年第 3 号）的《国家重点保护野生动物名录》，保护区共分布国家重点保护野生动物 72 种。其中，属于国家一级保护野生动物的有穿山甲、豺、小灵猫、大灵猫、金猫、云豹、豹、黑麂、梅花鹿、白颈长尾雉、中华秋沙鸭、白枕鹤、东方白鹳、乌雕、安吉小鲵等 15 种；国家二级保护野生动物有猕猴、狼、貉、赤狐、黄喉貂、水獭、豹猫、毛冠鹿、中华斑羚、中华鬣羚、勺鸡、白鹇、小天鹅、鸳鸯、褐翅鸦鹃、黑冠鹃隼、蛇雕、鹰雕、林雕、白腹隼雕、凤头鹰、赤腹鹰、日本松雀鹰、松雀鹰、雀鹰、苍鹰、黑鸢、灰脸鵟鹰、普通鵟、领角鸮、北领

角鸮、红角鸮、领鸺鹠、斑头鸺鹠、长耳鸮、短耳鸮、草鸮、白胸翡翠、红隼、短尾鸦雀、画眉、棕噪鹛、红嘴相思鸟、红喉歌鸲、白喉林鹟、虎纹蛙、中国瘰螈、平胸龟、乌龟、黄缘闭壳龟、脆蛇蜥、拉步甲、硕步甲、阳彩臂金龟、金裳凤蝶、中华虎凤蝶、黑紫蛱蝶等 57 种。

根据《浙江省人民政府办公厅关于公布浙江省重点保护陆生野生动物名录的通知》的《浙江省重点保护陆生野生动物名录》，保护区共分布有 33 种浙江省重点保护陆生野生动物。其中兽类有食蟹獴、豪猪、黄鼬、黄腹鼬、果子狸 5 种；鸟类有三宝鸟、黑枕黄鹂、伯劳科（棕背伯劳、红尾伯劳）、杜鹃科（大鹰鹃、小杜鹃）、啄木鸟科（斑姬啄木鸟、大斑啄木鸟、灰头绿啄木鸟、灰喉山椒鸟）、鸭科（绿翅鸭、普通秋沙鸭）12 种；爬行类有王锦蛇、黑眉锦蛇、玉斑蛇、舟山眼镜蛇、尖吻蝮（五步蛇）、滑鼠蛇 6 种；两栖类有义乌小鲵、秉志肥螈、中国雨蛙、三巷雨蛙、大绿臭蛙、沼水蛙、棘胸蛙、九龙棘蛙、大树蛙 9 种；昆虫类有宽尾凤蝶 1 种。

保护区国家重点及省重点保护野生动物统计情况见表 2-5。

**表 2-5　浙江清凉峰国家级自然保护区国家重点及省重点保护野生动物统计**

| 保护级别 | 哺乳纲 | 鸟纲 | 两栖纲 | 爬行纲 | 昆虫纲 | 合计 |
|---|---|---|---|---|---|---|
| 国家一级保护野生动物 | 9 | 5 | 1 | / | / | 15 |
| 国家二级保护野生动物 | 10 | 35 | 2 | 4 | 6 | 57 |
| 浙江省重点保护 | 5 | 12 | 9 | 6 | 1 | 33 |
| 合计 | 24 | 52 | 12 | 10 | 7 | 105 |

## 2.1.4　种群与栖息地

清凉峰保护区野生华南梅花鹿种群主要分布于素有"北大荒"之称的千顷塘保护片区，该片区总面积 56.9km²，其中核心区面积为 16.96km²，缓冲区面积为 9.64km²，实验区面积为 30.30km²。该片区是一个海拔 600～1470m 的中山地带，主要由西部的山湾岭、雨头湾、大湾里、千顷塘、干坑、大源塘，中部的小坪溪、大坪溪，东部的西坞、黄洋塘、道场坪等组成。栖息地内主要存在坡度在 25°以下的草甸、灌丛、沼泽地和部分梯田、梯地组成的中山盆地，且片区由塘、湾、坳、凹、沟、山坡、高低洼地多样性地貌组成，是一个独特的生态系统。区内水资源丰富，横向分布有 4 座水库，且常年不干枯，可供华南梅花鹿饮用。近年来，保护区内华南梅花鹿数量得到进一步发展，估计保护区内华南梅花鹿数量已经达到 200～300 头。

## 2.2 研究简史

清凉峰保护区地理位置独特，气候复杂，雨量充沛，土壤类型多样，区内保存着较为原始的森林和珍贵生物物种，为动植物生长和繁衍提供了优良的自然条件，因而备受国内外动植物专家的关注。尤其是保护区内分布的我国最东南端、遗传多样性基因最丰富的野生华南梅花鹿种群备受关注。自保护区建立以来，先后与浙江农林大学（原浙江林学院）、浙江大学、浙江自然博物院（原浙江自然博物馆）、中国科学院动物研究所等单位开展梅花鹿数量、栖息地、习性等多方面的研究，为华南梅花鹿的保护提供了重要基础。

### 2.2.1 种群数量调查

1965 年 9 月，国家林业部狩猎管理处调查临安狩猎管理和梅花鹿等野生动物保护等情况。主要通过查访猎户、查看山区供销社收购站野生动物皮张以及召开座谈会等方法，了解华南梅花鹿的数量、分布及狩猎情况。经过 15 天的调查，估算华南梅花鹿种群数量在 40 头左右。

1987 年 12 月 18～27 日浙江清凉峰自然保护区组织了有关单位进行了一次野生梅花鹿科学综合考察，在梅花鹿活动最频繁处设立道场坪、干坑、千顷塘、童玉观 4 个观察站进行观察，随机选取有代表性的、分布较均匀的样方 10 个：道场坪、东坞口、干坑、大源塘、千顷塘、大平溪、小平溪、大湾、山屋岭、雨头湾。通过调查及科考结果综合分析，野生梅花鹿数量为 56～120 头，即 88±32 头。调查发现当年野生梅花鹿活动的中心地带是大平溪、千顷塘和童玉村后山。由于生境条件的变化，天然植被的破坏，人类活动的日益增多，道场坪、干坑一带的梅花鹿种群逐渐迁移、重新组合，最后集中在较为僻静的山弯地带。

2001 年 1 月 27～29 日，浙江树人学院孟莉英与临安市林业局徐荣章采用固定样方法对临安华南梅花鹿分布区的梅花鹿进行调查，随机选取有代表性的、分布均匀的样方 10 个（道场坪、大平溪、小平壤、千顷塘、癫痢尖、照君岩、大湾、三犀岭、鱼跳、马啸）进行观测，根据观察分析得出，每亩*面积上有用的梅花鹿数量估计区间为：u = 0.0038±0.00124 头。

2006 年 1～3 月，浙江林学院动物科学系于江傲、鲁庆彬等人采用雪地足

---

\* 1 亩 ≈ 666.67²。

迹计数法和样带法对保护区内野生华南梅花鹿种群与分布进行调查研究。结果表明，在38条样带中有13条样带发现有华南梅花鹿，这13条样带构成一个狭长地带；保护区内野生梅花鹿种群最低密度为0.90头/km²，最高密度为2.79头/km²，平均密度为1.84头/km²，种群数量为104（51～156）头。研究显示，华南梅花鹿主要在海拔800～1200m的范围内活动，栖息地植被类型以草甸和灌丛为主。

2014年12月至2017年12月，中国计量学院徐爱春利用红外相机陷阱法在野生梅花鹿分布片区进行了种类数量调查，统计近两年的数据显示，保护区内共有梅花鹿160～224头。

2014年，清凉峰保护区与浙江大学、浙江自然博物馆、浙江师范大学、浙江理工大学、杭州师范大学、中国计量学院等高校院所合作开展"清凉峰国家级自然保护区生物多样性调查"与《清凉峰国家级自然保护区自然资源和生物多样性》编写项目，该项目对区内梅花鹿种群数量及栖息地情况进行了详细调查。中国计量大学生命科学学院徐爱春利用红外相机陷阱法在野生梅花鹿分布片区进行了种类数量调查，通过随机相遇模型统计出保护区华南梅花鹿种群密度为3.48±0.27头/km²。千顷塘保护片区共有野生华南梅花鹿198.53±15.17头，即182～214头。

## 2.2.2　生态学研究

开展野外生态研究是为全面了解并掌握梅花鹿的生态习性、活动规律等的有效手段，只有在全面了解野生梅花鹿的基础上才能制定各项保护措施，延续野生华南梅花鹿种群。近几年来清凉峰野生梅花鹿的研究主要集中在生境选择、食性、采食行为、活动习性、生存力等方面。清凉峰保护区管理局也积极推进梅花鹿研究工作，2006年成立清凉峰华南梅花鹿研究所，并积极与浙江大学、浙江农林大学等高校科研院所合作，申报项目、建立长期监测样地，为梅花鹿的保护研究打下扎实基础。

### 2.2.2.1　华南梅花鹿栖息地选择研究

2000年12月至2001年5月，曲阜师范大学杨月伟与清凉峰自然保护区管理局章叔岩、程爱兴采用直接跟踪法和样方法对华南梅花鹿的冬春栖息地特征进行了定量研究。结果表明，华南梅花鹿对其栖息地有较强的选择性，多选择较为平缓的西坡和南坡活动，其栖息地离水源较近。华南梅花鹿对乔木层利用较少，灌木层在梅花鹿的冬春栖息地中能提供食物和隐蔽条件，因而在其栖息地利用中起着重要作用；而草本层则能在冬春季为梅花鹿提供丰富的食物资源，菝葜、映山红、盐肤木、山胡椒、紫花前胡、疏花雀麦、细茎双蝴蝶、阴地蕨、蕨、三脉紫菀等植物种类在梅花鹿的栖息地选择中起着重要作用。栖息地恶化是目前保护区内华南梅花鹿种群发展的最重要的制约因素。

2003 年 9 月至 2004 年 5 月，华东师范大学马继飞对梅花鹿对栖息地选择的季节变化做了研究，通过调查梅花鹿对植被类型、郁闭度、食物丰富度、灌木盖度、坡度、坡向、坡位、海拔和人为干扰距离 9 类生态因子的选择利用情况，应用资源选择指数分析梅花鹿秋季、冬季和春季对栖息地的喜好程度。结果表明，华南梅花鹿喜欢选择草甸—沼泽和灌丛、郁闭度较低、食物丰富度高、上坡位、海拔≥1200m、人为干扰距离＞1000m、向阳、坡度平缓的生境。此外，华南梅花鹿对灌木盖度的选择以适合为准。影响华南梅花鹿栖息地选择的主要因子有干扰因子（包括海拔、坡位和人为干扰距离）、食物因子（包括郁闭度、食物丰富度和植被型）、灌木盖度因子和地形因子（包括坡度和坡向）4 个。

2006 年 12 月至 2007 年 3 月，浙江林学院游卫云、董良钜等人采用食痕法和样方法观测华南梅花鹿采食的种类、丰富度及生物量，研究梅花鹿冬季取食的食性。研究结果表明，可供华南梅花鹿冬季采食的有灌木 15 种、草本 8 种和乔木 3 种。灌木中出现频次由高至低依次为中国绣球、野山楂、绣线菊、菝葜、映山红、小果蔷薇、悬钩子和盐肤木，草本中出现频次由高至低依次为野古草、牛筋草和蕨。华南梅花鹿取食生物量分析表明，灌木占清凉峰华南梅花鹿冬季食物生物量的 57%，草本占 31%，乔木占 12%。在华南梅花鹿种群分布较多的 5 个小区（大坪溪、道场坪、千顷塘、螺蛳尖和马啸），食物丰富度为 95.47g/m²，显著大于无种群分布的大源塘、干坑、小平溪 3 个小区（食物丰富度为 68.52g/m²）。研究结果表明，灌木不仅是冬季清凉峰华南梅花鹿的主要食物来源，还为梅花鹿提供良好的隐蔽条件。

2015 年开始，清凉峰保护区与中国计量大学合作开展华南梅花鹿适宜栖息地生境评估调查项目，该项目拟在梅花鹿种群资源以及分布调查的基础上，对梅花鹿分布片区的栖息地生境进行评估，以期为以后梅花鹿栖息地改造提供理论依据。

### 2.2.2.2 华南梅花鹿食性分析

2007 年 1～12 月，浙江林学院的董良钜、游卫云等人采用直接观察采食法、食痕法、试喂法和粪便显微分析法对清凉峰自然保护区华南梅花鹿采食种类和部位进行调查、观察、记录和鉴别，记录了梅花鹿采食物种、采食部位及其随季节更迭的变化情况。结果表明，华南梅花鹿采食食物共 174 种，其中草本 101 种、灌木 56 种、乔木 17 种，禾本科、蔷薇科、豆科、百合科、菊科、莎草科、忍冬科、樟科和虎耳草科约占总采食种类的 56%。采食部位在草本主要是茎叶和花果，在木本主要是嫩枝叶、芽、枝梢和花果。采食种类和部位随季节的更迭而有较大的变化，冬春季，可采食的种类极少，草本类几乎没有，主要利用灌木的果实和嫩梢，夏秋季，则大量采食草本类，禾本科、豆科、莎草科和菊科植物占比例较大。

### 2.2.2.3　华南梅花鹿遗传学研究

2004 年，清凉峰保护区与浙江大学合作在爱尔兰《国际法医学》杂志发表论文《线粒体 DNA 序列分析在中国梅花鹿亚种法医鉴定中的应用》。论文利用系统进化分析法对梅花鹿亚种进行鉴别区分，为非法梅花鹿捕猎提供了可靠的证据。

2008 年清凉峰保护区与浙江大学、中国科学院动物研究所、西华师范大学等单位共同对我国野生梅花鹿种群的遗传多样性和遗传结构进行了分析。结果表明，我国梅花鹿有着相对较高的遗传多样性：东北种群、四川种群、江西种群以及浙江种群的平均期望杂合度分别为 0.584，0.477，0.585 和 0.589，它们之间不存在显著的差异。利用逐步突变模型、双相突变模型和无限等位基因突变模型检测了种群的瓶颈效应，结果表明：除四川种群外，其他种群在近期内都经历过遗传瓶颈。费希尔确切性检验及配对样品遗传分化指数（FST）的结果均表明：4 个梅花鹿种群间存在显著的遗传分化（P < 0.001）。

### 2.2.2.4　华南梅花鹿节律

2014 年 12 月至 2016 年 12 月，清凉峰保护区与浙江师范大学和中国计量大学在清凉峰保护区千顷塘保护片区，利用网格式红外相机法，对华南梅花鹿的分布及活动规律进行研究。结果显示，华南梅花鹿的分布随海拔高度的降低而降低，在 1200～1300m 的高海拔区域拍摄率最高为 10.32%。在 6 种不同植被类型中，落叶阔叶林中拍摄率最高（4.60%），常绿阔叶林最低。华南梅花鹿各月份的日活动差异指数 α 存在极显著差异，且冬季的 α 值的平均数最高，这表明华南梅花鹿在冬季的活动时间分配相对其他季节更不均匀，活动时间较为集中。华南梅花鹿各月份间的昼行性指数 β 存在极显著差异，年度各月份 β 值的平均值为 0.60（13/24），表明华南梅花鹿是一种昼行性动物。利用季节性活动强度指数 γ 发现，华南梅花鹿四季活动有 2 个低谷期（10:00～11:00，19:00～20:00），γ 值不存在显著差异，而日活动高峰期一般有 3 个 (7:00 ~ 9:00, 12:00 ~ 14:00, 17:00 ~ 19:00)。

## 2.2.3 研究项目

2006 年清凉峰华南梅花鹿研究所联合浙江清凉峰国家级自然保护区管理局、浙江农林大学资源动物研究所合作申报浙江省林业科技项目"清凉峰华南梅花鹿种群生存力及扩繁技术研究"。项目实施期间，课题组成员从种群生境选择、活动习性、生存力等方面开展研究，在研究基础上构建小型华南梅花鹿半野生种群。该项目的开展基本掌握了保护区内华南梅花鹿种群数量和分布、食物资源状况及特征、采食种类和采食部位；通过试验，进一步了解华南梅花鹿生态习性，掌握了华南梅花鹿种群繁育特性，项目的实施为今后开展华南梅花鹿繁殖试验奠定良好的基础。

2015—2016 年，清凉峰保护区联合中国科学院动物研究所共同开展"浙江清凉峰国家级自然保护区梅花鹿种群发展规划"编制项目。通过对相关文献资料和现有数据的整理，在保护区梅花鹿分布的片区放置红外相机，监测了梅花鹿数量和分布情况，并开展了实地调查，了解保护区梅花鹿的栖息地、人类干扰和生境选择情况，同时在保护区周边开展社区居民人兽冲突与保护意识的调查，估算了清凉峰保护区野生梅花鹿的环境容纳量，对现有华南梅花鹿救护繁育试验场（以下简称试验场）繁殖种群状况进行了评估，为未来梅花鹿种群的发展提出保护和管理建议。规划重点提出梅花鹿种群和栖息地发展目标，并结合提出的目标，给出发展梅花鹿种群、改良栖息地及加强科研的建议。

2017 年，浙江省林业局编制《浙江省珍稀濒危物野生动植物抢救性保护行动方案 (2017—2020)》，清凉峰保护区联合中国计量大学根据《浙江省濒危物种华南梅花鹿抢救性保护项目实施方案 (2017—2020)》，结合保护区梅花鹿保护、监测、科研工作实际，在 2017—2020 年实施了浙江省濒危物种华南梅花鹿抢救性保护项目，先后开展实施野生华南梅花鹿种群数量、分布与活动节律、试验场华南梅花鹿种群野外放归、野放种群综合监测及华南梅花鹿种群寄生虫的种类和相对数量研究等工作，为珍稀濒危物种华南梅花鹿的就/易地保护、生态管理对策的制定及栖息地恢复与重建提供科学依据，也为浙江省珍稀、濒危物种抢救性保护工程提供借鉴。

## 2.2.4 科研成果

自保护区建立以来，保护区联合中国科学院动物研究所、浙江大学、浙江自然博物院、浙江农林大学等高校科研院所共同开展了华南梅花鹿的多项研究，先后在各类期刊和出版社发表科研论文 13 篇、出版专著 4 部，为保护区华南梅花鹿保护及管理提供重要依据。

**论文发表：**

①杨月伟，章叔岩，程爱兴．华南梅花鹿冬春栖息地的特征［J］．东北林业大学学报，2002，6（30）：57-60.

②马继飞，张恩迪，章叔岩，翁东明．清凉峰自然保护区梅花鹿秋季对栖息地利用的初步分析［J］．动物学杂志，2004，39（5）：35-39.

③于江傲，鲁庆彬，刘长国，周圻，章叔岩．清凉峰自然保护区华南梅花鹿种群数量与分布研究［J］．浙江林业科技，2006，5（26）：1-4.

④章叔岩，鲁庆彬，翁东明，程爱兴，张良斌．半圈养雌性华南梅花鹿的生长发育研究［J］．黑龙江畜牧兽医，2007，1：99-100.

⑤游卫云，董良钜，于江傲，鲁庆彬，章叔岩，周圻．清凉峰华南梅花鹿冬季食物资源特征研究［J］．浙江林业科技，2007，4（27）：13-16.

⑥吴华，胡杰，万秋红，方盛国，刘武华，章叔岩．梅花鹿的微卫星多态性及种群的遗传结构［J］．兽类学报，2008，28（2）：109-116.

⑦董良钜，游卫云，周圻，翁东明，章叔岩，王卫国．清凉峰自然保护区华南梅花鹿采食研究［J］．浙江林业科技，2009，4（29）：41-46.

⑧程樟峰，翁东明，俞平新．浙江清凉峰自然保护区华南梅花鹿保护现状与对策［J］．防护林科技，2012，6（111）：57-91.

⑨章叔岩，郭瑞，刘伟，翁东明，程樟峰．华南梅花鹿研究现状及展望［J］．浙江林业科技，2016，2（36）：90-94.

⑩程建祥，黄相相，陈东东，鲍毅新．清凉峰国家级自然保护区华南梅花鹿分布及活动规律［J］．生态学报，2018，038（022）：8213-8222.

⑪袁智文，徐爱春，俞平新，郭瑞，李春林．浙江清凉峰国家级自然保护区华南梅花鹿栖息地适宜性评价［J］．生态学报，2020，40（18）：6672-6677.

⑫刘周，周虎，郭瑞，章书声，许丽娟，罗远，徐爱春．浙江清凉峰国家级自然保护区华南梅花鹿栖息地内人为干扰类型及时空分布格局［J］．兽类学报，2020，40（04）：355-363.

⑬Li W，Li C，Jiang Z，Guo R，Ping X. Daily rhythm and seasonal pattern of lick use in sika deer（*Cervus nippon*）in China［J］. Biological Rhythm Research，2019，50（3）：408-417.

**专著出版：**

①宋朝枢．浙江清凉峰自然保护区科学考察集［M］．北京：中国林业出版社，1997，1-25，86-115.

②徐荣章．华南梅花鹿养殖［M］．北京：台海出版社，2003.

③陈水华，童彩亮．清凉峰动物［M］．杭州：浙江大学出版社，2012.

④丁平，童彩亮，翁东明．浙江清凉峰生物多样性研究［M］．北京：中国林业出版社，2020.

# 第3章
# 浙江清凉峰华南梅花鹿种群数量及其动态

生物多样性监测是保护区开展科研及管理工作的基础，生物多样性监测结果不仅能够提供重要的生物学信息，还能及时为生物多样性保护管理及评估提供理论依据。近年来，红外相机技术因具有劳动成本低、昼夜监测不间断以及抗环境变化强的优点，已成为地栖大中型兽类与鸟类多样性监测中应用最为广泛的技术之一，为自然保护地的生物多样性监测和评估提供了重要资料。

为进一步明确保护区内现有野生动物种类、种群数量，评估栖息地状况，尤其是华南梅花鹿分布区的华南梅花鹿种群数量及栖息节律以及伴生物种的情况，研究团队采用红外相机网格对该片区的鸟兽资源进行监测。该工作对于了解和摸清华南梅花鹿及其伴生种在该片区的数量、分布和栖息节律以及为保护区制定合理有效的保护管理计划至关重要。

## 3.1　研究方法

### 3.1.1　红外相机布设

研究团队采用公里网格法布设红外相机。首先将保护区调查区域用空间地理信息分析软件（ArcGIS）按 1km×1km 面积划分为网格（图 3-1），在每个网格中心位置预设相机布设位点，如果网格涵盖的保护区面积大于 50%，则调整该网格相机布设位点于保护区范围内，涵盖的面积小于 50% 则放弃放置相机。记录每个网格预设相机布设位点的经纬度。相机布设密度为 1 台/hm²。

### 3.1.2　红外相机的安放

通过手持全球定位系统（GPS）引导，在野外找到每个网格的预设相机布设位点，在其附近 20m 范围内选择实际相机布设位点（主要考虑靠近动物活动痕迹及路径的位置），确定和记录每个相机实际布设位点的经度、纬度和海拔等基本信息（表 3-1）。

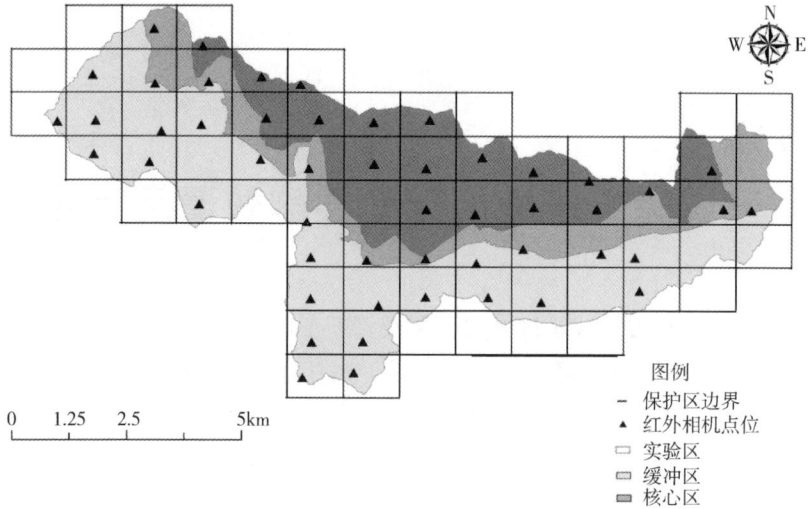

图3-1 浙江清凉峰国家级自然保护区千顷塘区域红外相机调查位点分布

表3-1 红外触发相机环境及野生动物记录表

安放时间： 年 月 日 时 安放人： 相机GPS位点：N：° ′ ″E：° ′ ″
海拔： 坡度： 坡位： 坡向： 植被类型： 盖度： 相机编号： 相机型号：
存储卡号： 装卡人： 取卡人： 装卡时间： 年 月 日 时
取卡时间： 年 月 日 时 照相总时数时：

| 照片序号 | 动物名称 | 动物数量 | 拍摄日期 | 拍摄时间 | 连拍数量 | 备注 |
|---|---|---|---|---|---|---|
|  |  |  |  |  |  |  |

安放相机前对相机进行设置，然后将红外触发相机捆绑在粗细合适的树木底部，距离地面高度约60~80cm（图3-2），本调查中没有使用任何诱饵。每台相机放置南孚5号一次性电池8节，SCAN 8G储存卡1张；电池、储存卡约180天更换一次，如果发现丢失、不工作或存储卡已经写满的相机，立即撤换。更换电池时对相机视场内影响相机工作的嫩枝、小草、蕨类植物和蜘蛛网等进行一并清理。

图3-2 在调查地区放置的红外触发相机（Ltl5210）

## 3.1.3 照片的判读

取回的相机卡及时进行判读，在判读过程中发现调查区域兽类活动高峰主要发生在夜间，而在夜间红外相机只能以黑白照片（非彩色）的形式进行影像记录。因此，尽管啮齿目的各种鼠类在夜间也能被红外触发相机记录到，但由于其个体小、鉴定特征不明显等，我们没有对该类群进行进一步的物种鉴定。

研究者对所有梅花鹿的照片进行详细鉴定和分类，并记录其拍摄时间、连拍张数等信息。

## 3.1.4　独立照片

由于动物个体在红外触发相机监测区域内觅食或者行走过程中会持续触发红外触发相机，并连续拍摄多张照片。因此，为了排除因同一只动物个体而产生的连续照片的干扰，研究者把同一个相机同种物种相隔 30min 以上的照片认为是独立照片（independent photograph）。

## 3.1.5　种群密度与数量

研究团队采用随机相遇模型（random encounter model）来估算种群密度与数量，该模型常被用于估算那些难以进行个体识别的动物（如有蹄类）的种群密度。该模型假设动物个体像气体分子一样随机运动，并认为动物与相机的接触率（拍到的照片数）与动物的种群密度、运动速度、相机布设的时间、相机监测的面积成正比。

种群密度计算公式（随机相遇模型）：

$$D = \frac{y}{t} \frac{\pi}{vr(2+\theta)} \tag{3-1}$$

式中，$D$ 为种群密度，$y$ 为独立照片数量，$t$ 为调查时间（调查时数），$\pi$ 为常数，$v$ 为动物移动速度（通常以天为单位），$r$ 为相机扇形探测区域半径，$\theta$ 为相机扇形探测区夹角（通常以弧度值 rad 表示）。

对于梅花鹿每日移动速度/距离参数 $v$ 值设置，我们主要依据：①根据红外相机调查结果及日常巡护观察，保护区内没有虎、熊、豹、狼等食肉动物分布，红外相机照片显示梅花鹿多呈现行走、采食行为而未见其呈现奔跑状态；②据《中国鹿类动物》，梅花鹿从隐蔽地至食物基地的距离在 200m 以内，至水源的距离为 150m 以内，食物至水源相距不足 550m。因此，我们将梅花鹿获得食物和水所需要的基本移动距离设为 1km，每日 3 次为 3km，产生的距离冗余估算为 2km，据此将梅花鹿每日移动速度/距离设为 3 个参数，即 1km/d、3km/d 和 5km/d。

## 3.2 结果与讨论

### 3.2.1 相机安放数量及位点

千顷塘地区共设置了 58 个网格（表 3-2），实际放置了 52 台红外相机（表 3-2），占所有网格的 89.6%。其中 14 号网格涵盖的保护区面积小于50%，没有放置相机；30、46、53、56、57 号网格因在放置过程中发现红外相机故障且无备份而没有放置。

红外相机位点海拔最低点为 45 号位点（614m），最高点为 15 号位点（1259m），海拔垂直梯度变化为645m。红外相机放置位点的植被类型共 7 种（表 3-3），基本涵盖调查片区的主要植被类型，其他的植被型如灌草丛、草甸等由于不易安放及视野开阔相机容易丢失等没有进行相机的放置。

表 3-2 千顷塘保护片区红外相机放置位点

| 相机编号 | 北纬 N | 东经 E | 海拔（m） | 植被类型 |
|---|---|---|---|---|
| 1 | 30°18′06.08″ | 119°03′42.00″ | 1031 | 落叶阔叶林 |
| 2 | 30°18′46.0″ | 119°04′07.20″ | 850 | 暖性针叶林 |
| 3 | 30°18′14.07″ | 119°04′08.70″ | 804 | 暖性针叶林 |
| 4 | 30°17′59.06″ | 119°04′19.22″ | 862 | 暖性针叶林 |
| 5 | 30°17′47.29″ | 119°04′53.88″ | 710 | 暖性针叶林 |
| 6 | 30°18′07.96″ | 119°05′03.29″ | 805 | 暖性针叶林 |
| 7 | 30°18′40.01″ | 119°04′57.79″ | 1095 | 落叶阔叶林 |
| 8 | 30°19′17.41″ | 119°04′56.26″ | 1183 | 温性针叶林 |
| 9 | 30°19′02.03″ | 119°05′47.02″ | 1038 | 落叶阔叶林 |
| 10 | 30°18′41.62″ | 119°05′41.59″ | 915 | 暖性针叶林 |
| 11 | 30°18′12.46″ | 119°05′35.85″ | 763 | 针阔混交林 |
| 12 | 30°17′38.46″ | 119°05′36.62″ | 912 | 常绿阔叶林 |
| 13 | 30°17′18.55″ | 119°05′34.80″ | 937 | 暖性针叶林 |
| 15 | 30°17′49.19″ | 119°06′24.33″ | 1259 | 温性针叶林 |
| 16 | 30°18′17.21″ | 119°06′28.71″ | 1207 | 温性针叶林 |
| 17 | 30°18′45.39″ | 119°06′24.58″ | 1202 | 针阔混交林 |
| 18 | 30°18′40.23″ | 119°06′55.41″ | 1175 | 落叶阔叶林 |
| 19 | 30°18′16.66″ | 119°07′10.39″ | 1123 | 落叶阔叶林 |
| 20 | 30°17′43.27″ | 119°07′02.62″ | 1163 | 落叶阔叶林 |
| 21 | 30°17′07.27″ | 119°07′01.37″ | 1188 | 针阔混交林 |

（续）

| 相机编号 | 北纬 N | 东经 E | 海拔（m） | 植被类型 |
|---|---|---|---|---|
| 22 | 30°16′43.18″ | 119°07′04.99″ | 1047 | 针阔混交林 |
| 23 | 30°16′15.17″ | 119°07′05.05″ | 1037 | 针阔混交林 |
| 24 | 30°15′45.84″ | 119°07′06.14″ | 1027 | 暖性针叶林 |
| 25 | 30°15′21.47″ | 119°06′59.04″ | 1015 | 暖性针叶林 |
| 26 | 30°15′25.07″ | 119°07′40.20″ | 850 | 暖性针叶林 |
| 27 | 30°15′46.61″ | 119°07′47.39″ | 922 | 暖性针叶林 |
| 28 | 30°16′04.02″ | 119°07′54.33″ | 1154 | 落叶阔叶林 |
| 29 | 30°16′41.70″ | 119°07′49.64″ | 1234 | 针阔混交林 |
| 31 | 30°17′46.8″ | 119°07′54.90″ | 1108 | 落叶阔叶林 |
| 32 | 30°18′15.0″ | 119°07′54.20″ | 1240 | 落叶阔叶林 |
| 33 | 30°18′17.1″ | 119°08′38.90″ | 1063 | 落叶阔叶林 |
| 34 | 30°17′44.2″ | 119°08′36.30″ | 965 | 落叶阔叶林 |
| 35 | 30°17′16.4″ | 119°08′37.00″ | 882 | 落叶阔叶林 |
| 36 | 30°16′43.01″ | 119°08′36.64″ | 1151 | 落叶阔叶林 |
| 37 | 30°16′16.96″ | 119°08′36.80″ | 1107 | 针阔混交林 |
| 38 | 30°16′17.1″ | 119°09′27.20″ | 922 | 针阔混交林 |
| 39 | 30°16′40.0″ | 119°09′17.50″ | 884 | 针阔混交林 |
| 40 | 30°17′13.5″ | 119°09′16.20″ | 1127 | 落叶阔叶林 |
| 41 | 30°17′51.9″ | 119°09′21.40″ | 1146 | 落叶阔叶林 |
| 42 | 30°17′53.7″ | 119°09′48.40″ | 1032 | 常绿阔叶林 |
| 43 | 30°17′36.1″ | 119°09′46.40″ | 1038 | 针阔混交林 |
| 44 | 30°16′49.98″ | 119°09′55.03″ | 842 | 落叶阔叶林 |
| 45 | 30°16′14.09″ | 119°10′09.97″ | 614 | 暖性针叶林 |
| 46 | 30°16′15.02″ | 119°10′58.94″ | 968 | 针阔混交林 |
| 47 | 30°16′47.28″ | 119°10′57.82″ | 1103 | 落叶阔叶林 |
| 48 | 30°17′17.63″ | 119°10′54.11″ | 1173 | 落叶阔叶林 |
| 49 | 30°17′36.84″ | 119°10′47.48″ | 1159 | 温性针叶林 |
| 50 | 30°17′30.4″ | 119°11′36.00″ | 1006 | 落叶阔叶林 |
| 51 | 30°16′44.8″ | 119°11′24.90″ | 840 | 灌木林 |
| 52 | 30°16′05.4″ | 119°11′37.10″ | 717 | 针阔混交林 |
| 54 | 30°17′18.4″ | 119°12′43.60″ | 821 | 灌木林 |
| 55 | 30°17′44.70″ | 119°12′25.61″ | 902 | 落叶阔叶林 |
| 58 | 30°17′17.7″ | 119°12′57.70″ | 824 | 灌木林 |

表3-3 红外相机放置位点植被类型

| 植被类型 | 数量（架） | 植被类型 | 数量（架） |
|---|---|---|---|
| 落叶阔叶林 | 20 | 针阔混交林 | 11 |
| 暖性针叶林 | 12 | 温性针叶林 | 4 |
| 灌木林 | 3 | 常绿阔叶林 | 2 |

## 3.2.2 千顷塘保护片区物种多样性

2015年1月至2020年12月，红外相机监测累计14 882捕获日，共获得动物照片50 893张，除去小型啮齿类动物不能鉴定到种以外，所有物种的独立有效照片共10 097张。经鉴定，两年调查共获得的兽类和鸟类53种，隶属于13目25科，其中兽类6目11科16种，鸟类7目14科37种（表3-4）。所记录的物种中，共记录国家重点保护野生动物10种，占整个拍摄物种总数的18.87%。其中国家一级保护野生动物有华南梅花鹿和白颈长尾雉2种；国家二级保护野生动物有猕猴、中华鬣羚、勺鸡、白鹇、凤头鹰、领角鸮、棕噪鹛和红嘴相思鸟8种；浙江省重点保护野生动物有马来豪猪、黄腹鼬、黄鼬、果子狸、食蟹獴、灰头绿啄木鸟6种。由《世界自然保护联盟（IUCN）濒危物种红色名录》统计显示，极危等级有穿山甲1种；易危等级有黑麂1种；近危等级有中华鬣羚和白颈长尾雉2种。由《中国脊椎动物红色名录》统计显示，极危等级有穿山甲和梅花鹿2种；濒危等级有黑麂1种；易危等级有豹猫、小麂、中华鬣羚和白颈长尾雉4种；近危等级有黄腹鼬、鼬獾、猪獾、果子狸、蛇雕、凤头鹰、苍鹰和画眉8种。

通过本次的调查显示，雀形目（24种）、食肉目（6种）、鸡形目（5种）和偶蹄目（4种）的物种数最多，占总物种数的81.25%。

表3-4 浙江清凉峰国家级自然保护区红外相机所记录的物种种类

| 物种 | 国家保护级别 | IUCN 濒危物种红色名录 | 中国脊椎动物红色名录 |
|---|---|---|---|
| 兽类 | | | |
| 劳亚食虫目 Eulipotyphla | | | |
| 猬科 Erinaceidae | | | |
| 东北刺猬 *Erinaceus amurensis* | | LC | LC |
| 灵长目 Primates | | | |
| 猴科 Cercopithecidae | | | |

（续）

| 物种 | 国家保护级别 | IUCN 濒危物种红色名录 | 中国脊椎动物红色名录 |
|---|---|---|---|
| 猕猴 *Macaca mulatta* | 二 | LC | LC |
| 食肉目 Carnivora | | | |
| 鼬科 Mustelidae | | | |
| 黄腹鼬 *Mustela kathiah* | | LC | NT |
| 黄鼬 *Mustela sibirica* | | LC | LC |
| 鼬獾 *Melogale moschata* | | LC | NT |
| 猪獾 *Arctonyx collaris* | | VU | NT |
| 灵猫科 Viverridae | | | |
| 果子狸 *Paguma larvata* | | LC | NT |
| 獴科 Herpestidae | | | |
| 食蟹獴 *Herpestes nrva* | 二 | LC | VU |
| 鲸偶蹄目 Cetartiodactyla | | | |
| 猪科 Suidae | | | |
| 野猪 *Sus scrofa* | | LC | LC |
| 鹿科 Cervidae | | | |
| 小鹿 *Muntiacus reevesi* | | LC | VU |
| 梅花鹿 *Cervus nippon* | 一 | LC | CR |
| 黑麂 *Muntiaeus crinifrons* | 一 | VU | EN |
| 牛科 Bovidae | | | |
| 中华鬣羚 *Capricornis milneedwardsii* | 二 | NT | VU |
| 啮齿目 Rodentia | | | |
| 松鼠科 Sciuridae | | | |
| 珀氏长吻松鼠 *Dremomys pernyi* | | LC | LC |
| 豪猪科 Hystricidae | | | |
| 马来豪猪 *Hystrix brachyura* | | LC | LC |
| 兔形目 Lagomorpha | | | |
| 兔科 Leporidae | | | |
| 华南兔 *Lepus sinensis* | | LC | LC |
| 鸟类 | | | |
| 鸡形目 Galliformes | | | |
| 雉科 Phasianidae | | | |
| 灰胸竹鸡 *Bambusicola thoracicus* | | LC | LC |

（续）

| 物种 | 国家保护级别 | IUCN 濒危物种红色名录 | 中国脊椎动物红色名录 |
|---|---|---|---|
| 勺鸡 *Pucrasia macrolopha* | 二 | LC | LC |
| 白鹇 *Lophura nycthemera* | 二 | LC | LC |
| 白颈长尾雉 *Syrmaticus ellioti* | 一 | NT | VU |
| 环颈雉 *Phasianus colchicus* | | | |
| 鸽形目 Columbiformes | | | |
| 鸠鸽科 Columbidae | | | |
| 山斑鸠 *Streptopelia orientalis* | | LC | LC |
| 珠颈斑鸠 *Streptopelia chinensis* | | LC | LC |
| 鹃形目 Cuculiformes | | | |
| 杜鹃科 Cuculidae | | | |
| 四声杜鹃 *Cuculus micropterus* | | LC | LC |
| 鸻形目 Charadriiformes | | | |
| 鹬科 Scolopacidae | | | |
| 丘鹬 *Scolopax rusticola* | | LC | LC |
| 鹰形目 Accipitriformes | | | |
| 鹰科 Accipitridae | | | |
| 蛇雕 *Spilornis cheela* | 二 | LC | NT |
| 凤头鹰 *Accipiter trivirgatus* | 二 | LC | NT |
| 啄木鸟目 Piciformes | | | |
| 啄木鸟科 Picidae | | | |
| 灰头绿啄木鸟 *Picus canus* | | LC | LC |
| 雀形目 Passeriformes | | | |
| 鸦科 Corvidae | | | |
| 松鸦 *Garrulus glandarius* | | LC | LC |
| 红嘴蓝鹊 *Urocissa erythroryncha* | | LC | LC |
| 灰树鹊 *Dendrocitta formosae* | | LC | LC |
| 山雀科 Paridae | | | |
| 黄腹山雀 *Pardaliparus venustulus* | | | |
| 鹎科 Pycnonotidae | | | |
| 领雀嘴鹎 *Spizixos semitorques* | | | |
| 黑短脚鹎 *Hypsipetes leucocephalus* | | | |

（续）

| 物种 | 国家保护级别 | IUCN 濒危物种红色名录 | 中国脊椎动物红色名录 |
|---|---|---|---|
| 白头鹎 *Pycnonotus sinensis* | | | |
| 长尾山雀科 Aegithalidae | | | |
| 红头长尾山雀 *Aegithalos concinnus* | | | |
| 林鹛科 Timaliidae | | | |
| 棕颈钩嘴鹛 *Pomatorhinus ruficollis* | | | |
| 噪鹛科 Leiothrichidae | | | |
| 画眉 *Garrulax canorus* | 二 | LC | NT |
| 黑领噪鹛 *Garrulax pectoralis* | | LC | LC |
| 小黑领噪鹛 *Garrulax monileger* | | LC | LC |
| 棕噪鹛 *Garrulax berthemyi* | 二 | LC | LC |
| 红嘴相思鸟 *Leiothrix lutea* | 二 | LC | LC |
| 鸫科 Turdidae | | | |
| 橙头地鸫 *Geokichla citina* | | LC | LC |
| 虎斑地鸫 *Zoothera aurea* | | LC | LC |
| 乌鸫 *Turdus mandarinus* | | LC | LC |
| 白腹鸫 *Turdus pallidus* | | LC | LC |
| 斑鸫 *Turdus eunomus* | | LC | LC |
| 红尾鸫 *Turdus naumanni* | | LC | LC |
| 灰背鸫 *Turdus hortulorum* | | | |
| 白眉鸫 *Eyebrowed Thrush* | | | |
| 鹟科 Muscicapidae | | | |
| 紫啸鸫 *Myophonus caeruleus* | | LC | LC |
| 红胁蓝尾鸲 *Tarsiger cyanurus* | | | |
| 白额燕尾 *Enicurus leschenaulti* | | | |

注：《世界自然保护联盟（IUCN）濒危物种红色名录》及《中国脊椎动物红色名录》将保护等级划分为 EX（Extinct，灭绝）、EW（Extinct in the Wild，野外灭绝）、RE（Regionally Extinct，区域灭绝）、CR（Critically Endangered，极危）、EN（Endangered，濒危）、VU（Vulnerable，易危）、NT（Near Threatened，近危）、LC（Least Concern，无危）。

## 3.2.3　拍摄率与独立照片

2015 年 1 月至 2020 年 12 月年研究团队共收回相机内存卡 12 次。根据照片及实地查看发现，由于受红外相机前的杂草生长、镜头前昆虫结网活动、枯枝坠落等环境影响，红外相机有 71.5% 的误拍率。2015 年 1 月至 2020 年 12 月共获得有华南梅花鹿影像的照片 22 796 张其中独立照片为 4298 张（表 3-5），占华南梅花鹿照片总数的 18.9%。

表 3-5　千顷塘保护片区红外相机记录华南梅花鹿独立照片数　单位：张

| 相机编号 | 华南梅花鹿独立照片 | | | | | |
|---|---|---|---|---|---|---|
| | 2015 年 | 2016 年 | 2017 年 | 2018 年 | 2019 年 | 2020 年 |
| 1 | 5 | 8 | 10 | 11 | — | 30 |
| 2 | 3 | 2 | 7 | 1 | — | 12 |
| 3 | — | 3 | 15 | 8 | — | 6 |
| 4 | 5 | 5 | 8 | 5 | — | 3 |
| 5 | 46 | 54 | 50 | 6 | 1 | 4 |
| 6 | 23 | — | — | — | — | — |
| 7 | 4 | 33 | 4 | 60 | 69 | 47 |
| 8 | 19 | 8 | — | 8 | 12 | 23 |
| 9 | 20 | 11 | 11 | 14 | 10 | 25 |
| 10 | 9 | 9 | 12 | 6 | 9 | 8 |
| 11 | 1 | 2 | — | 12 | — | — |
| 12 | — | — | — | — | 2 | 5 |
| 13 | 1 | 1 | 1 | 12 | 8 | 6 |
| 15 | 93 | 74 | 52 | 2 | 37 | 71 |
| 16 | 12 | 9 | 18 | 48 | 33 | 8 |
| 17 | 57 | 33 | 44 | 79 | 31 | 18 |
| 18 | 37 | 73 | 26 | 81 | 86 | 5 |
| 19 | 53 | 38 | 40 | 19 | 93 | 119 |
| 20 | 11 | 16 | 19 | 7 | 25 | 49 |
| 21 | 9 | 13 | 5 | 5 | 9 | 11 |
| 22 | 19 | 2 | 8 | 17 | 2 | 8 |
| 23 | 5 | — | — | 4 | 3 | 15 |
| 24 | 12 | 12 | 9 | 2 | 1 | 17 |
| 25 | 6 | 4 | 1 | 1 | 1 | 52 |
| 26 | 1 | — | — | 2 | 1 | 2 |
| 27 | 1 | 1 | — | 9 | 1 | 27 |
| 28 | 18 | 21 | 24 | 30 | 7 | 10 |
| 29 | 12 | 34 | 7 | 96 | 4 | 93 |
| 31 | 82 | 18 | 1 | 55 | 38 | 59 |
| 32 | 11 | 11 | 50 | 74 | 23 | 55 |
| 33 | 5 | 11 | 3 | 16 | 13 | 20 |

（续）

| 相机编号 | 华南梅花鹿独立照片 | | | | | |
|---|---|---|---|---|---|---|
| | 2015 | 2016 | 2017 | 2018 | 2019 | 2020 |
| 34 | 1 | 5 | 1 | 14 | 23 | 15 |
| 35 | 3 | 1 | 4 | 3 | 15 | 14 |
| 36 | 1 | 5 | 21 | 16 | — | — |
| 37 | 1 | 12 | 25 | 19 | 1 | 33 |
| 38 | — | — | — | — | — | — |
| 39 | — | 2 | — | 1 | 1 | 1 |
| 40 | 2 | 4 | — | 5 | 17 | 4 |
| 41 | 5 | 15 | 58 | 37 | 36 | 33 |
| 42 | 4 | 3 | 19 | 9 | 21 | 28 |
| 43 | 1 | — | 3 | — | — | 2 |
| 44 | 1 | — | — | — | — | 9 |
| 45 | — | — | — | — | — | 1 |
| 47 | 3 | 6 | 21 | — | — | 7 |
| 48 | 6 | 1 | — | — | — | 35 |
| 49 | 7 | — | 15 | — | — | 25 |
| 50 | 1 | 6 | — | 42 | — | — |
| 51 | — | 1 | — | — | 1 | — |
| 52 | — | — | — | — | — | — |
| 54 | — | 1 | 2 | — | — | — |
| 55 | 1 | 4 | 28 | 2 | — | — |
| 58 | — | — | — | — | — | — |

## 3.2.4　种群密度及数量

经过 6 年（2015、2016、2017、2018、2019、2020 年）红外相机的调查，由 3 个梅花鹿每日移动速度（1km/d、3km/d 和 5km/d）参数得出清凉峰国家级自然保护区千顷塘保护片区华南梅花鹿的种群密度分别为：2015 年 $D_1 = 7.94 \pm 1.47$ 头/km²、$D_2 = 2.65 \pm 0.49$ 头/km²、$D_3 = 2.31 \pm 0.48$ 头/km²；2016 年 $D_1 = 10.75 \pm 0.98$ 头/km²、$D_2 = 3.58 \pm 0.33$ 头/km²、$D_3 = 2.15 \pm 0.2$ 头/km²；2017 年 $D_1 = 7.98 \pm 1.2$ 头/km²、$D_2 = 2.66 \pm 0.4$ 头/km²、$D_3 = 1.6 \pm 0.24$ 头/km²；2018 年 $D_1 = 10.8 \pm 2.24$ 头/km²、$D_2 = 3.6 \pm 0.75$ 头/km²、$D_3 = 2.16 \pm 0.45$ 头/km²；2019 年 $D_1 = 8.15 \pm 1.34$ 头/km²、$D_2 = 2.71 \pm 0.45$ 头/km²、$D_3 = 1.63 \pm 0.27$ 头/km²；2020 年 $D_1 = 13.03 \pm 2.56$ 头/km²、$D_2 = 4.34 \pm 0.85$

头/km²、$D_3 = 2.61 \pm 0.51$ 头/km²（表 3-6）。据《中国鹿类动物》（盛和林等，1992），梅花鹿"从隐蔽地至食物基地的距离在 200m 以内，至水源的距离为 150m 以内，食物至水源相距不足 550m"，同时结合野外实际调查，研究者认为各年度梅花鹿种群密度以 $D_2$ 最为符合实际。

表 3-6　用红外相机估算千顷塘保护片区华南梅花鹿的种群密度

| 年份 | 月份 | 相机日 | 独立照片（张） | 监测时数（h） | 种群密度（头/km²） | 种群密度（头/km²） | 种群密度（头/km²） |
|---|---|---|---|---|---|---|---|
| | | | $y$ | $t$ | $D_1$ | $D_2$ | $D_3$ |
| 2015 | 1 | 31 | 15 | 744 | 2.274 | 0.758 | 0.455 |
| | 2 | 28 | 22 | 672 | 3.693 | 1.231 | 0.739 |
| | 3 | 31 | 45 | 744 | 6.823 | 2.274 | 1.365 |
| | 4 | 30 | 53 | 720 | 8.304 | 2.768 | 1.661 |
| | 5 | 31 | 31 | 744 | 4.700 | 1.567 | 0.940 |
| | 6 | 30 | 46 | 720 | 7.207 | 2.402 | 1.441 |
| | 7 | 31 | 57 | 744 | 8.642 | 2.881 | 1.728 |
| | 8 | 31 | 77 | 744 | 11.675 | 3.892 | 2.335 |
| | 9 | 30 | 129 | 720 | 20.211 | 6.737 | 4.042 |
| | 10 | 31 | 87 | 744 | 13.191 | 4.397 | 2.638 |
| | 11 | 30 | 34 | 720 | 5.327 | 1.776 | 1.065 |
| | 12 | 31 | 21 | 744 | 3.184 | 1.061 | 0.637 |
| 2015 年平均密度 | | | | | $7.94 \pm 1.47$ | $2.65 \pm 0.49$ | $2.31 \pm 0.48$ |
| 2016 | 1 | 31 | 22 | 744 | 3.336 | 1.112 | 0.667 |
| | 2 | 28 | 29 | 672 | 4.868 | 1.623 | 0.974 |
| | 3 | 31 | 62 | 744 | 9.400 | 3.133 | 1.880 |
| | 4 | 30 | 62 | 720 | 9.714 | 3.238 | 1.943 |
| | 5 | 31 | 35 | 744 | 5.307 | 1.769 | 1.061 |
| | 6 | 30 | 40 | 720 | 6.267 | 2.089 | 1.253 |
| | 7 | 31 | 48 | 744 | 7.278 | 2.426 | 1.456 |
| | 8 | 31 | 82 | 744 | 12.433 | 4.144 | 2.487 |
| | 9 | 30 | 66 | 720 | 10.340 | 3.447 | 2.068 |
| | 10 | 31 | 71 | 744 | 10.765 | 3.588 | 2.153 |
| | 11 | 30 | 33 | 720 | 5.170 | 1.723 | 1.034 |
| | 12 | 31 | 22 | 744 | 3.336 | 1.112 | 0.667 |
| 2016 年平均密度 | | | | | $7.35 \pm 0.89$ | $2.45 \pm 0.3$ | $1.47 \pm 0.18$ |

（续）

| 年份 | 月份 | 相机日 | 鹿独立照片<br>（张）<br>$y$ | 监测时数<br>（h）<br>$t$ | 种群密度<br>（头/km²）<br>$D_1$ | 种群密度<br>（头/km²）<br>$D_2$ | 种群密度<br>（头/km²）<br>$D_3$ |
|---|---|---|---|---|---|---|---|
| 2017 | 1 | 31 | 28 | 744 | 4.245 | 1.415 | 0.849 |
| | 2 | 28 | 12 | 672 | 2.014 | 0.671 | 0.403 |
| | 3 | 31 | 22 | 744 | 3.336 | 1.112 | 0.667 |
| | 4 | 30 | 29 | 720 | 4.543 | 1.514 | 0.909 |
| | 5 | 31 | 58 | 744 | 8.794 | 2.931 | 1.759 |
| | 6 | 30 | 63 | 720 | 9.870 | 3.290 | 1.974 |
| | 7 | 31 | 79 | 744 | 11.978 | 3.993 | 2.396 |
| | 8 | 31 | 64 | 744 | 9.704 | 3.235 | 1.941 |
| | 9 | 30 | 102 | 720 | 15.981 | 5.327 | 3.196 |
| | 10 | 31 | 70 | 744 | 10.613 | 3.538 | 2.123 |
| | 11 | 30 | 63 | 720 | 9.870 | 3.290 | 1.974 |
| | 12 | 31 | 32 | 744 | 4.852 | 1.617 | 0.970 |
| 2017 年平均密度 | | | | | 7.98±1.2 | 2.66±0.4 | 1.6±0.24 |
| 2018 | 1 | 31 | 39 | 744 | 5.913 | 1.971 | 1.183 |
| | 2 | 28 | 31 | 672 | 5.204 | 1.735 | 1.041 |
| | 3 | 31 | 36 | 744 | 5.458 | 1.819 | 1.092 |
| | 4 | 30 | 95 | 720 | 14.884 | 4.961 | 2.977 |
| | 5 | 31 | 57 | 744 | 8.642 | 2.881 | 1.728 |
| | 6 | 30 | 84 | 720 | 13.160 | 4.387 | 2.632 |
| | 7 | 31 | 70 | 744 | 10.613 | 3.538 | 2.123 |
| | 8 | 31 | 89 | 744 | 13.494 | 4.498 | 2.699 |
| | 9 | 30 | 205 | 720 | 32.118 | 10.706 | 6.424 |
| | 10 | 31 | 77 | 744 | 11.675 | 3.892 | 2.335 |
| | 11 | 30 | 35 | 720 | 5.484 | 1.828 | 1.097 |
| | 12 | 31 | 20 | 744 | 3.032 | 1.011 | 0.606 |
| 2018 年平均密度 | | | | | 10.8±2.24 | 3.6±0.75 | 2.16±0.45 |
| 2019 | 1 | 31 | 22 | 744 | 3.336 | 1.112 | 0.667 |
| | 2 | 28 | 27 | 672 | 4.532 | 1.511 | 0.906 |
| | 3 | 31 | 40 | 744 | 6.065 | 2.022 | 1.213 |
| | 4 | 30 | 19 | 720 | 2.977 | 0.992 | 0.595 |

（续）

| 年份 | 月份 | 相机日 | 鹿独立照片（张） | 监测时数（h） | 种群密度（头/km²） | 种群密度（头/km²） | 种群密度（头/km²） |
|---|---|---|---|---|---|---|---|
| | | | $y$ | $t$ | $D_1$ | $D_2$ | $D_3$ |
| | 5 | 31 | 50 | 744 | 7.581 | 2.527 | 1.516 |
| | 6 | 30 | 61 | 720 | 9.557 | 3.186 | 1.911 |
| | 7 | 31 | 76 | 744 | 11.523 | 3.841 | 2.305 |
| | 8 | 31 | 80 | 744 | 12.129 | 4.043 | 2.426 |
| | 9 | 30 | 122 | 720 | 19.114 | 6.371 | 3.823 |
| | 10 | 31 | 59 | 744 | 8.945 | 2.982 | 1.789 |
| | 11 | 30 | 52 | 720 | 8.147 | 2.716 | 1.629 |
| | 12 | 31 | 26 | 744 | 3.942 | 1.314 | 0.788 |
| 2019 年平均密度 | | | | | 8.15±1.34 | 2.71±0.45 | 1.63±0.27 |
| 2020 | 1 | 31 | 13 | 744 | 1.971 | 0.657 | 0.394 |
| | 2 | 28 | 22 | 672 | 3.693 | 1.231 | 0.739 |
| | 3 | 31 | 34 | 744 | 5.155 | 1.718 | 1.031 |
| | 4 | 30 | 51 | 720 | 7.990 | 2.663 | 1.598 |
| | 5 | 31 | 82 | 744 | 12.433 | 4.144 | 2.487 |
| | 6 | 30 | 104 | 720 | 16.294 | 5.431 | 3.259 |
| | 7 | 31 | 107 | 744 | 16.223 | 5.408 | 3.245 |
| | 8 | 31 | 166 | 744 | 25.169 | 8.390 | 5.034 |
| | 9 | 30 | 201 | 720 | 31.491 | 10.497 | 6.298 |
| | 10 | 31 | 118 | 744 | 17.891 | 5.964 | 3.578 |
| | 11 | 30 | 54 | 720 | 8.460 | 2.820 | 1.692 |
| | 12 | 31 | 63 | 744 | 9.552 | 3.184 | 1.910 |
| 2020 年平均密度 | | | | | 13.03±2.56 | 4.34±0.85 | 2.61±0.51 |
| 6 年平均密度 | | | | | 9.21±1.48 | 3.07±0.49 | 1.84±0.3 |

据此，研究者对千顷塘保护片区华南梅花鹿的种群数量进行了计算。结果显示各年度种群动态变化为：2015 年种群密度为 2.65±0.49 头/km²，种群数量约为 150.5±27.8 头，即 122~178 头；2016 年种群密度为 3.58±0.33 头/km²，种群数量约为 139.4±16.9 头，即 122~156 头；2017 年种群密度为 2.66±0.4 头/km²，种群数量约为 151.4±22.8 只，即 128~174 头；2018 年种群密度为 3.6±0.75 头/km²，种群数量约为 205±42.5 头，即 162~247 头；2019 年种群密度为 2.71±0.45 头/km²，种群数量约为 154.7±25.3 头，即

129 ~ 180 头；2020 年种群密度为 4.34 ±0.85 头/km$^2$，种群数量为 247 ±48.5 头，即 198 ~ 295 头；千顷塘华南梅花鹿种群数量整体维持在 200 头左右，并有逐渐增长的趋势（图 3-3）。

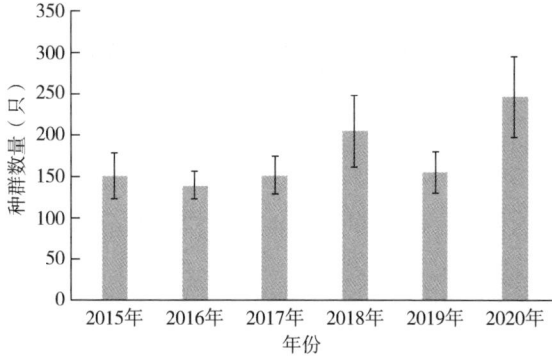

图 3-3　2015—2020 年华南梅花鹿种群数量

　　千顷塘保护片区华南梅花鹿的种群数量已经稳定在 200 头左右，并有逐渐增长的趋势。这与保护区不断加强保护力度密切相关，同时也说明了千顷塘保护片区的气候环境稳定，非常适宜华南梅花鹿生存。此外，通过对发现华南梅花鹿的红外相机安装点位进行统计，可看出华南梅花鹿栖息地范围有所扩大，反映出保护区森林生态环境得到了改善，栖息地质量能满足华南梅花鹿种群扩大的需求。建议对华南梅花鹿进行生境监测及生境适应性评价，并结合保护区植被覆盖、人为活动等因素，对华南梅花鹿适宜活动范围间的连通性进行调查分析，为华南梅花鹿廊道识别及资源保护提供数据支撑。

# 第4章
## 浙江清凉峰华南梅花鹿活动节律与分布格局

动物的空间分布和活动节律由诸多外在和内在因素决定，是长期适应自然的结果，是重要的生态与行为特征。动物空间分布受许多因素的影响，如植被是野生动物赖以生存的栖息环境和食物来源，不同植被类型内的动物群落组成及其生态学特点各不相同；不同海拔存在不同的气候生物带，影响着野生动物物种的分布，并随着这些因素的变化而发生改变。日活动节律是野生动物在一天中的活动强度和变换规律，动物的活动峰型受日出日落的时间变化提前或推迟，而昼夜长度和日出日落时间存在明显的季节性变化。本章节在浙江清凉峰国家级自然保护区采用红外相机技术研究华南梅花鹿的日活动时间分布、季节性变化及空间分布格局等，旨在加深对华南梅花鹿的生态习性认知以及为保护区的野生动物管理工作提供科学依据。

## 4.1 研究方法

### 4.1.1 核密度估计方法

采用核密度估计方法（kernel density estimation）描述梅花鹿全年及不同季节的日活动节律特征。该方法认为物种的每次探测是从连续的日活动节律分布中采集的随机样本，这个日活动节律分布描述了该物种在某个特定时间段被探测到的概率，横轴为时间，纵轴（密度）为该时间点上物种被探测到的概率，曲线下面积的积分值为1。同时，采用重叠系数（coefficient of overlap）计算梅花鹿日活动节律在不同季节间的重叠程度，用不同季节日活动节律分布曲线重叠的面积比 Δ 表示：Δ = 0 表示完全分离，Δ = 1 表示完全重叠。核密度估计和重叠指数，均根据独立有效照片数进行分析。相关分析、作图通过 R 软件的"重叠（overlap）"包完成。

## 4.1.2　分布强度与相对多度计算

每个网格放置的红外相机如获得梅花鹿的影像，研究者认为该网格所覆盖的地区为梅花鹿的分布区，反之则不是梅花鹿的分布区；将每个网格中相机所获得的梅花鹿独立照片 $p_i$ 累加后与独立照片总数 $P_i$ 的比值作为梅花鹿分布强度参数 $F$，即：

$$F = \sum_{i=1}^{n} p_i \Big/ \sum_{i=1}^{N} P_i \times 100\% \tag{4-1}$$

采用拍摄率 $CR$（capture rate）计算梅花鹿在不同海拔的相对多度，计算公式如下：

$$CR = \frac{p_i \times 100}{T} \tag{4-2}$$

式中，$p_i$ 为单个网格中拍摄到的梅花鹿独立照片数，$p_i$ 为单个网格中拍摄到的独立照片数，$n$ 为拍摄到梅花鹿独立照片的网格总数，$N$ 为拍摄到独立照片的网格总数，$T$ 为相机总有效监测日。

# 4.2　研究结果

## 4.2.1　活动节律

经过 6 年（2015~2020 年）红外相机的调查，共有 49 个相机位点拍摄到华南梅花鹿活动。全年的日活动节律分析表明：华南梅花鹿为以晨昏活动为主的昼行性动物，有 2 个较为明显的活动高峰，分别是 06:00~09:00 和 17:00~19:00，清晨与黄昏的活动强度基本一致（图 4-1）。

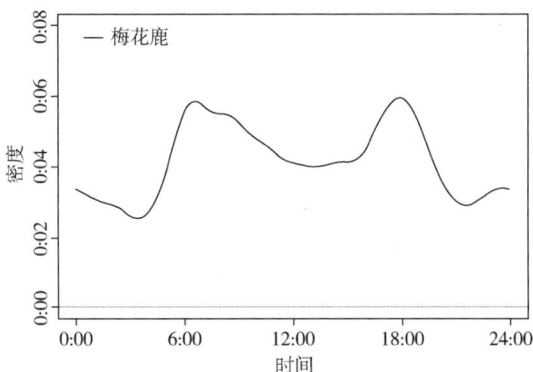

图 4-1　华南梅花鹿日活动节律曲线

千顷塘保护片区 6 年间春夏秋冬 4 个季节华南梅花鹿的独立有效照片分别为 861、1393、1578 和 466 张，通过对华南梅花鹿日活动节律的季节性分析发现，华南梅花鹿在春夏秋冬 4 个季均集中在晨昏活动，但是活动高峰出现的时间略有不同：春季，华南梅花鹿出现了 3 个活动高峰（06:00～08:00、9:00～11:00、17:00～19:00），活动低谷期集中在夜间与午后（21:00～05:00、13:00～16:00）；夏秋冬 3 季，华南梅花鹿均在晨昏出现了两个活动高峰，与其他季节相比较，夏季清晨活动高峰出现时间提前，黄昏高峰时间推后，秋季与春季活动高峰出现时间较为一致，冬季则表现为清晨活动高峰出现时间推后，黄昏高峰时间提前（夏季：05:00～08:00、18:00～20:00；秋季：06:00～08:00、16:00～18:00；冬季：09:00～11:00、16:00～18:00；图 4-2）。

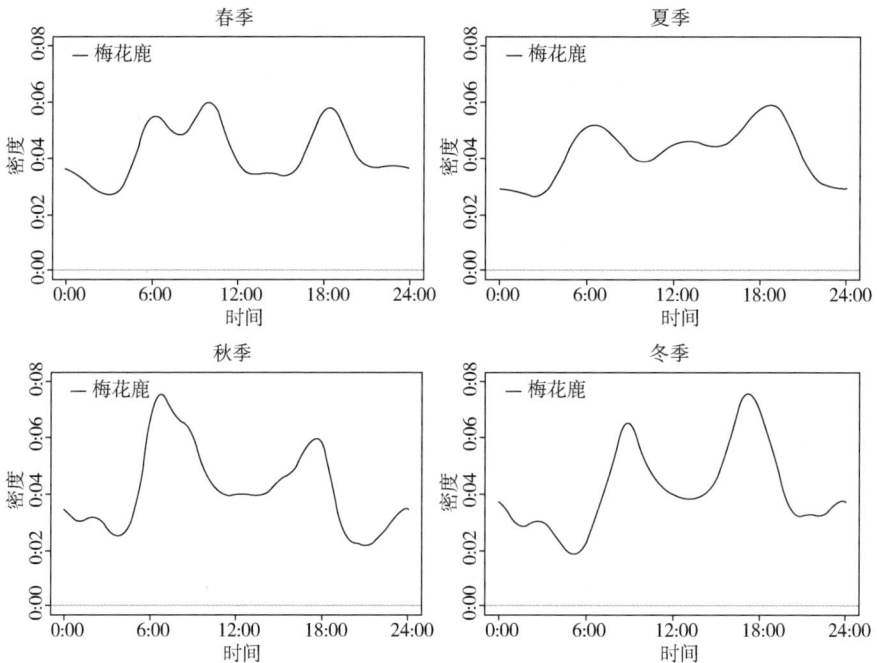

**图 4-2　华南梅花鹿不同季节日活动节律曲线**

武鹏峰等（2012）和连新明等（2012）通过对多种兽类行为的研究发现有蹄类动物大都具有晨昏活动的活动节律，活动高峰期一般出现在早晨和傍晚。本研究得出的结果与之相符。对于华南梅花鹿等食草性的动物，以早晨和傍晚为主的活动节律对其生存有着至关重要的作用，其有利性一般有两个方面：一是在早晨进行觅食，植物叶子上具有露珠能够为其提供一部分水分, 傍晚活动则可以减少阳光暴晒来避免体内水分过快丧失; 二是大大提高自身的安全性, 降低了寻找水源和食物时被天敌捕猎的危险性。

## 4.2.2　分布格局

### 4.2.2.1　华南梅花鹿的水平分布

2015 年度, 千顷塘保护片区共计 43 台相机拍摄到华南梅花鹿影像, 占所有红外相机的 83%, 拍摄到华南梅花鹿独立照片 617 张。位于核心区的小坪溪、大坪溪周边地区为华南梅花鹿的主要分布区。其中, 15 号网格的华南梅花鹿分布强度参数 F 最高 (15.07%), 其次是 31 号、17 号和 19 号网格 (分别为 13.29%、9.24%、8.59%)。未拍摄到华南梅花鹿的相机多数集中在保护区东部和东南部 (图 4-3)。

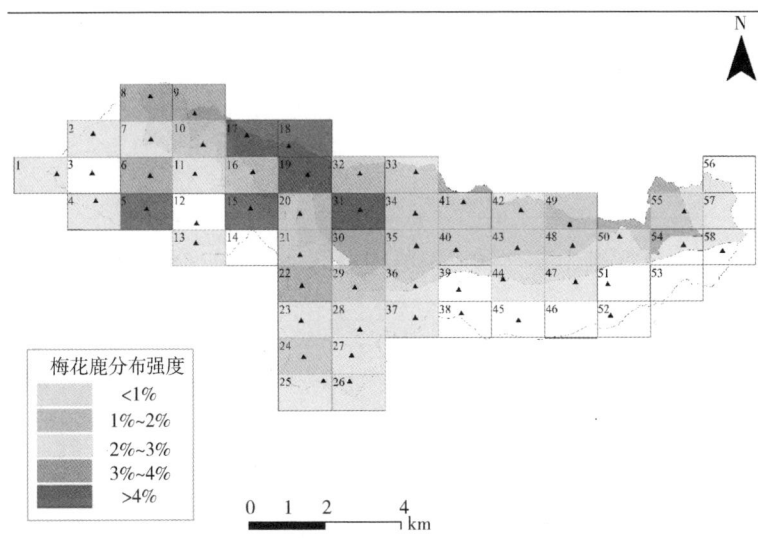

**图 4-3　2015 年千顷塘保护片区华南梅花鹿监测位点和分布 (彩图 1)**

2016 年度, 千顷塘保护片区共计 41 台相机拍摄到华南梅花鹿影像, 占所有红外相机的 79%, 拍摄到华南梅花鹿独立照片 572 张。位于核心区的小坪溪、大坪溪周边地区为华南梅花鹿的主要分布区。其中, 15 号网格的华南梅花鹿分布强度参数 F 最高 (12.94%), 其次是 18 号、5 号和 19 号网格 (分别为 12.76%、9.44%、6.64%)。未拍摄到华南梅花鹿的相机多数集中在保护区东部和东南部 (图 4-4)。

2017 年度, 千顷塘保护片区共计 35 台相机拍摄到华南梅花鹿影像, 占所有红外相机的67%，拍摄到华南梅花鹿独立照片622张。位于核心区的小坪溪、大坪溪周边地区为华南梅花鹿的主要分布区。其中，41号网格的华南梅花鹿分布强度参数 $F$ 最高（9.32%），其次是15号、32号和5号网格（分别为8.36%、8.04%、8.04%）。未拍摄到华南梅花鹿的相机多数集中在保护区东部和东南部（图4-5）。

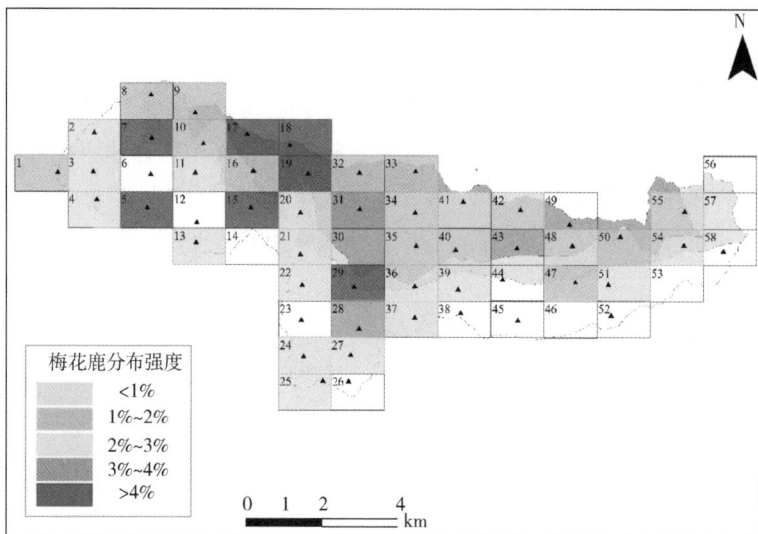

图4-4　2016年千顷塘保护片区华南梅花鹿监测位点和分布（彩图2）

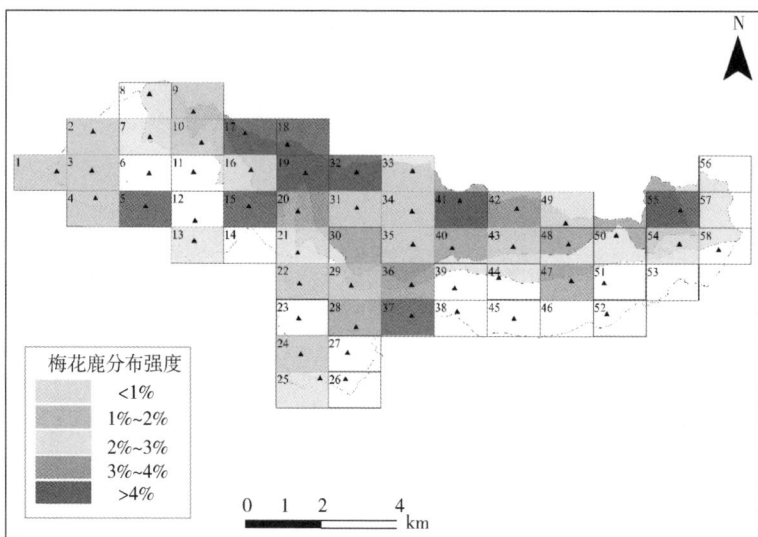

图4-5　2017年千顷塘保护片区华南梅花鹿监测位点和分布（彩图3）

　　2018 年度，千顷塘保护片区共计 39 台相机拍摄到华南梅花鹿影像，占所有红外相机的 75%，拍摄到华南梅花鹿独立照片 838 张。位于核心区的小坪溪、大坪溪周边地区为华南梅花鹿的主要分布区。其中，29 号网格的华南梅花鹿分布强度参数 $F$ 最高（11.46%），其次是 18 号、17 号和 32 号网格（分别为 9.67%、9.43%、8.83%）。未拍摄到华南梅花鹿的相机多数集中在保护区东部和东南部（图 4-6）。

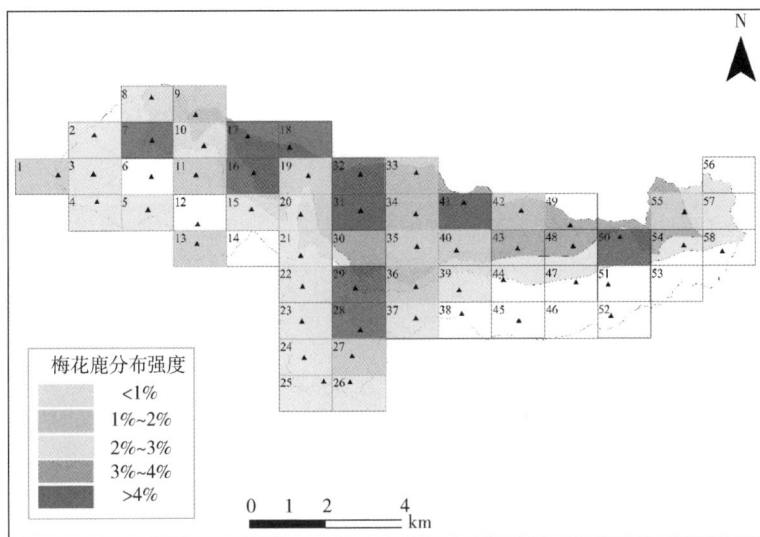

图 4-6　2018 年千顷塘保护片区华南梅花鹿监测位点和分布（彩图 4）

　　2019 年度，千顷塘保护片区共计 33 台相机拍摄到华南梅花鹿影像，占所有红外相机的 63%，拍摄到华南梅花鹿独立照片 634 张。位于核心区的小坪溪、大坪溪周边地区为华南梅花鹿的主要分布区。其中，19 号网格的华南梅花鹿分布强度参数 $F$ 最高（14.67%），其次是 18 号和 7 号网格（分别为 13.56%、10.88%）。未拍摄到华南梅花鹿的相机多数集中在保护区东部和东南部（图 4-7）。

　　2020 年度，千顷塘片区共计 42 台相机拍摄到华南梅花鹿影像，占所有红外相机的 80%，拍摄到华南梅花鹿独立照片 1015 张。位于核心区的小坪溪、大坪溪周边地区为华南梅花鹿的主要分布区。其中，19 号网格的华南梅花鹿分布强度参数 $F$ 最高（11.72%），其次是 29 号、15 号和 31 号网格（分别为 9.16%、7.00%、5.81%）。未拍摄到华南梅花鹿的相机多数集中在保护区东部和东南部（图 4-8）。

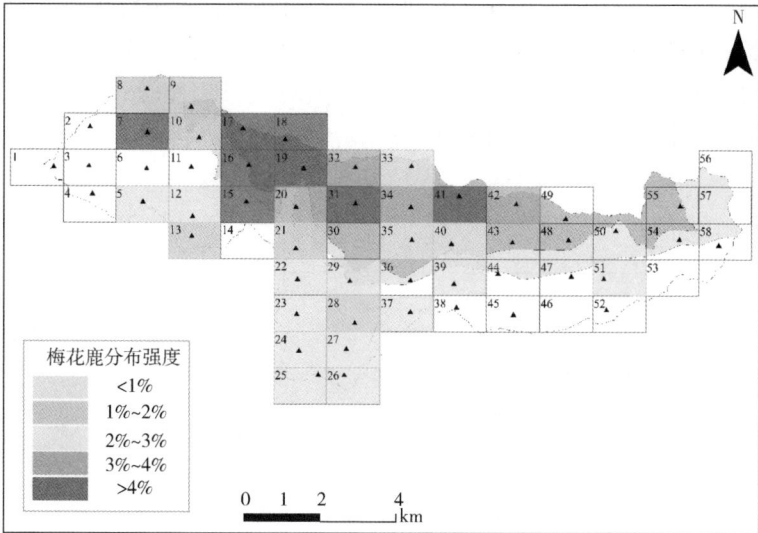

图 4-7 2019 年千顷塘保护片区华南梅花鹿监测位点和分布（彩图 5）

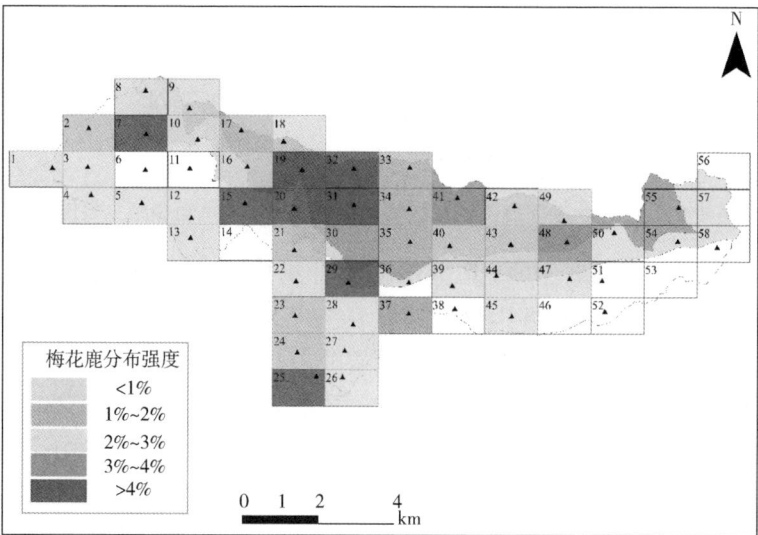

图 4-8 2020 年千顷塘保护片区华南梅花鹿监测位点和分布（彩图 6）

2015—2020 年 6 个年度中共计 49 个位点监测到梅花鹿照片，其余 3 个位点未记录到梅花鹿影像，根据所有红外相机的梅花鹿分布强度参数（表 4-1），研究者绘制了 6 年间千顷塘保护片区华南梅花鹿分布强度指数图（图 4-9）和分布强度图（图 4-10）。从图中可以发现，华南梅花鹿在千顷塘片区的核心区、缓冲区和实验区都有不同程度的分布，在其边界区域也有着华南梅花鹿的出没，说明千顷塘地区是适合华南梅花鹿生存和繁殖的区域。尤其是在核心区，水资源丰富的天池和大源塘是华南梅花鹿的最主要分布区，可以满足华南梅花鹿对水源的需求。此外，虽然位于保护区核心区内的千顷塘水库周边地区仍是梅花鹿的集中分布区和高活动区，但是梅花鹿的活动范围正在逐渐增加，并且有向保护区外围扩散的趋势。

表 4-1　千顷塘保护片区华南梅花鹿分布强度指数　　　　单位:%

| 相机位点 | 分布强度 | 相机位点 | 分布强度 | 相机位点 | 分布强度 |
| --- | --- | --- | --- | --- | --- |
| 1 | 1.49 | 22 | 1.30 | 42 | 1.95 |
| 2 | 0.58 | 23 | 0.63 | 43 | 0.14% |
| 3 | 0.74 | 24 | 1.23 | 44 | 0.23 |
| 4 | 0.60 | 25 | 1.51 | 45 | 0.02 |
| 5 | 3.75 | 26 | 0.14 | 47 | 0.86 |
| 6 | 0.54 | 27 | 0.91 | 48 | 0.98 |
| 7 | 5.05 | 28 | 2.56 | 49 | 1.09 |
| 8 | 1.63 | 29 | 5.72 | 50 | 1.14 |
| 9 | 2.12 | 31 | 5.89 | 51 | 0.05 |
| 10 | 1.23 | 32 | 5.21 | 52 | 0.00 |
| 11 | 0.35 | 33 | 1.58 | 54 | 0.07 |
| 13 | 0.16 | 34 | 1.37 | 55 | 0.81 |
| 15 | 0.67 | 35 | 0.93 | 58 | 0.00 |
| 16 | 7.65 | 36 | 1.00 | | |
| 17 | 2.98 | 37 | 2.12 | | |
| 18 | 6.10 | 38 | 0.00 | | |
| 19 | 7.17 | 39 | 0.12 | | |
| 20 | 8.42 | 40 | 0.74 | | |
| 21 | 2.95 | 41 | 4.28 | | |

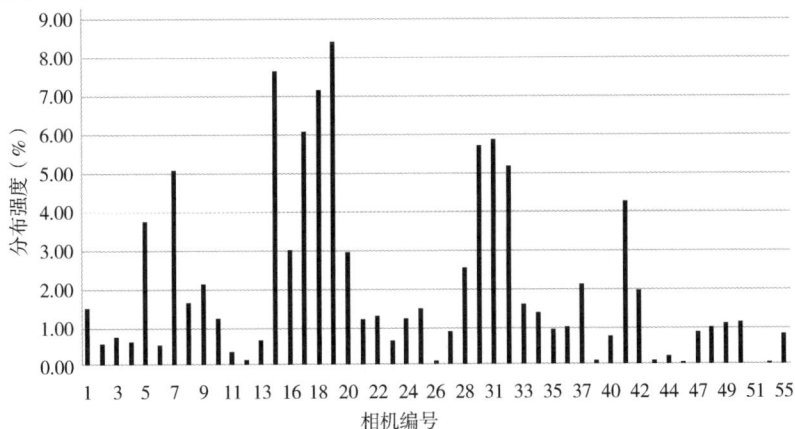

图 4-9　千顷塘保护片区华南梅花鹿分布强度指数

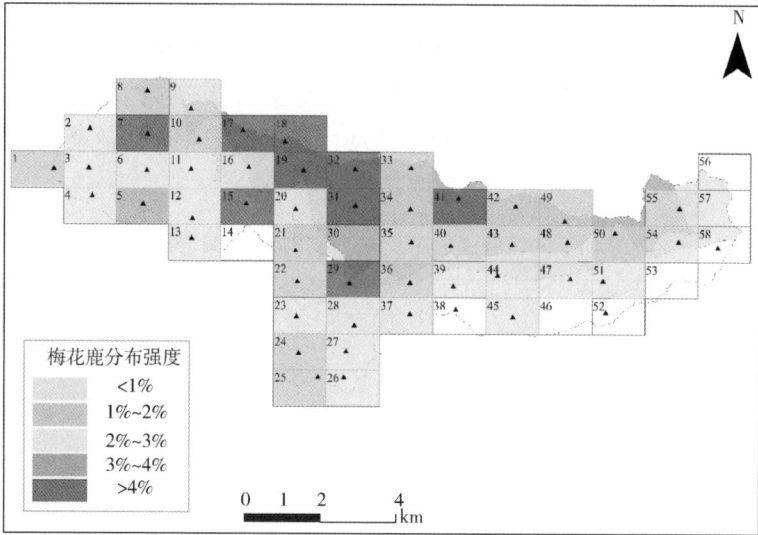

图4-10　千顷塘保护片区华南梅花鹿分布强度（彩图7）

在所有的红外相机位点中，19号位点的华南梅花鹿分布强度参数 $F$ 最高（8.42%），其次是15号位点和18号位点（分别为7.65%和7.17%）。华南梅花鹿在保护区分布广泛，但从分布强度上来看，位于核心区的相机（7、17、31、32、41号）与位于缓冲区和实验区的相机相比，核心区有着更高的分布强度；同时，5、9号相机位点的华南梅花鹿分布强度参数值均位于前列，2台相机所在位点都在保护区边界区域，而临近昌化镇的红外相机位点（38、45、46、52号），华南梅花鹿的分布强度参数值接近于零，说明该区域基本上不存在华南梅花鹿的活动。实验区和缓冲区虽然也有分布，但分布强度都偏低，主要是小鹿和野猪，华南梅花鹿的数量相对较少，华南梅花鹿仅偶尔路过或到林地边缘采食，其特点是以落叶阔叶林和针叶林为主，植被密度比较大，不利于华南梅花鹿的觅食。再加上这两个区域存在较大的人为干扰，影响华南梅花鹿生存和繁殖。核心区华南梅花鹿分布强度大，但缓冲区和实验区面积相加，占到整个千顷塘保护片区面积很大一部分，因此需要加强对这两个区域的保护管理工作。

#### 4.2.2.2　华南梅花鹿的垂直分布

本研究所安放的红外相机海拔跨度为600～1300m，结果显示，在不同海拔（表4-2）条件下华南梅花鹿的拍摄率不同。

6年间，在千顷塘保护片区，华南梅花鹿在不同海拔拍摄率由高到低依次为1100～1300m最高（7.08%），900～1100m次之（2.5%），700～900m

（1.14%），500~700m 最低（0.05%）。在海拔高度最高的区域拍摄率也最高，在海拔较低的区域拍摄率也相对较低。

表 4-2　2015—2020 年千顷塘保护片区华南梅花鹿在不同海拔的拍摄率

| 海拔段（m） | 独立照片数（张） | 相机数（台） | 相机有效工作日（d） | 拍摄率（%） |
|---|---|---|---|---|
| 500~700 | 1 | 1 | 2190 | 0.05 |
| 700~900 | 348 | 14 | 30660 | 1.14 |
| 900~1100 | 1002 | 18 | 39420 | 2.54 |
| 1100~1300 | 2947 | 19 | 41610 | 7.08 |

2015 年，在千顷塘保护片区，华南梅花鹿在不同海拔拍摄率由高到低依次为 1100~1300m 最高（6.33%），700~900m 次之（1.62%），900~1100m（1.45%），500~700m 未拍摄到华南梅花鹿影像（表 4-3）。在海拔高度最高的区域拍摄率也最高，在海拔较低的区域拍摄率也相对较低，而在海拔高度为 700~900m 的区域也有着相对较高的拍摄率。

表 4-3　2015 年千顷塘保护片区华南梅花鹿在不同海拔的拍摄率

| 海拔段（m） | 独立照片数（张） | 相机数（台） | 相机有效工作日（d） | 拍摄率（%） |
|---|---|---|---|---|
| 500~700 | 0 | 1 | 365 | 0.00 |
| 700~900 | 83 | 14 | 5110 | 1.62 |
| 900~1100 | 95 | 18 | 6570 | 1.45 |
| 1100~1300 | 439 | 19 | 6935 | 6.33 |

2016 年，在千顷塘保护片区，华南梅花鹿在不同海拔拍摄率由高到低依次为 1100~1300m 最高（5.64%），900~1100m 次之（1.67%），700~900m（1.39%），500~700m 未拍摄到华南梅花鹿影像（表 4-4）。在海拔高度最高的区域拍摄率也最高，在海拔较低的区域拍摄率也相对较低。

表 4-4　2016 年千顷塘保护片区华南梅花鹿在不同海拔的拍摄率

| 海拔段（m） | 独立照片数（张） | 相机数（台） | 相机有效工作日（d） | 拍摄率（%） |
|---|---|---|---|---|
| 500~700 | 0 | 1 | 365 | 0.00 |
| 700~900 | 71 | 14 | 5110 | 1.39 |
| 900~1100 | 110 | 18 | 6570 | 1.67 |
| 1100~1300 | 391 | 19 | 6935 | 5.64 |

2017 年，在千顷塘保护片区，华南梅花鹿在不同海拔拍摄率由高到低依次为 1100~1300m 最高（6.14%），700~900m 次之（1.68%），900~1100m

（1.67%），500～700m 未拍摄到华南梅花鹿影像（表4-5）。在海拔高度最高的区域拍摄率也最高，在海拔较低的区域拍摄率也相对较低，而在海拔高度为 700～900m 的区域也有着较高的拍摄率。

**表4-5　2017年千顷塘保护区华南梅花鹿在不同海拔的拍摄率**

| 海拔段（m） | 独立照片数（张） | 相机数（台） | 相机有效工作日（d） | 拍摄率（%） |
|---|---|---|---|---|
| 500～700 | 0 | 1 | 365 | 0.00 |
| 700～900 | 86 | 14 | 5110 | 1.68 |
| 900～1100 | 110 | 18 | 6570 | 1.67 |
| 1100～1300 | 426 | 19 | 6935 | 6.14 |

2018 年，在千顷塘保护片区，华南梅花鹿在不同海拔拍摄率由高到低依次为 1100～1300m 最高（8.38%），900～1100m 次之（3.33%），700～900m（0.74%），500～700m 未拍摄到华南梅花鹿影像（表4-6）。在海拔高度最高的区域拍摄率也最高，在海拔较低的区域拍摄率也相对较低。

**表4-6　2018年千顷塘保护片区华南梅花鹿在不同海拔的拍摄率**

| 海拔段（m） | 独立照片数（张） | 相机数（台） | 相机有效工作日（d） | 拍摄率（%） |
|---|---|---|---|---|
| 500～700 | 0 | 1 | 365 | 0.00 |
| 700～900 | 38 | 14 | 5110 | 0.74 |
| 900～1100 | 219 | 18 | 6570 | 3.33 |
| 1100～1300 | 581 | 19 | 6935 | 8.38 |

2019 年，在千顷塘保护片区，华南梅花鹿在不同海拔拍摄率由高到低依次为 1100～1300m 最高（8.38%），900～1100m 次之（2.48%），700～900m（0.37%），500～700m 未拍摄到华南梅花鹿影像（表4-7）。在海拔高度最高的区域拍摄率也最高，在海拔较低的区域拍摄率也相对较低。

**表4-7　2019年千顷塘保护片区华南梅花鹿在不同海拔的拍摄率**

| 海拔段（m） | 独立照片数（张） | 相机数（台） | 相机有效工作日（d） | 拍摄率（%） |
|---|---|---|---|---|
| 500～700 | 0 | 1 | 365 | 0.00 |
| 700～900 | 19 | 14 | 5110 | 0.37 |
| 900～1100 | 163 | 18 | 6570 | 2.48 |
| 1100～1300 | 581 | 19 | 6935 | 8.38 |

2020 年，在千顷塘保护片区，华南梅花鹿在不同海拔拍摄率由高到低依次为 1100～1300m 最高（9.49%），900～1100m 次之（4.64%），700～900m（1%），500～700m 最低（0.27%；表4-8）。在海拔高度最高的区域拍摄率

也最高，在海拔较低的区域拍摄率也相对较低。

**表 4-8　2020 年千顷塘保护片区华南梅花鹿在不同海拔的拍摄率**

| 海拔段（m） | 独立照片数（张） | 相机数（台） | 相机有效工作日（d） | 拍摄率（%） |
|---|---|---|---|---|
| 500～700 | 1 | 1 | 365 | 0.27 |
| 700～900 | 51 | 14 | 5110 | 1 |
| 900～1100 | 305 | 18 | 6570 | 4.64 |
| 1100～1300 | 658 | 19 | 6935 | 9.49 |

从每年度及整 6 年各海拔的拍摄率来看，拍摄率的大小依次为 1100～1300m＞900～1100m＞700～900m＞500～700m，在海拔高度最高的区域拍摄率也最高，在海拔较低的区域拍摄率也相对较低，而在海拔高度为 700～800m 的区域也有着相对较高的拍摄率。

海拔的变化，会引发其他生态因子发生变化，从而影响保护区内华南梅花鹿的分布。华南梅花鹿性机警、行动敏捷且视觉比较差，胆小容易受到惊吓，一有风吹草动，便迅速逃离。保护区内的华南梅花鹿大都分布在海拔较高的区域，因为人类活动影响较小。在海拔较低的区域，人类活动频繁，对华南梅花鹿的干扰较大。但到了春冬季节，华南梅花鹿栖息地中食物资源十分匮乏，食物种类和数量都减少至最低程度，且高海拔的地区气温非常低，各种生存条件则是变得更加恶劣，食物资源更为匮乏，而海拔低的区域可能环境条件稍微良好一些，能为华南梅花鹿提供一定的食物，因此春冬季华南梅花鹿分布区域会向低海拔区域移动。

# 第5章

## 人为干扰类型与时空分布格局

干扰是制约生物多样性形成的非生物因子之一（郭志华 等，2002）。干扰分为物理干扰和人为干扰，物理干扰是因天气、地震等原因引起的，具有较强的偶然性；人为干扰是人类在进行生产活动过程中对周遭生态系统产生的影响（魏斌 等，1996；李政海 等，1997），多数情况下这些影响是负面的（Francesco et al.，2017）。人为干扰是现阶段自然保护区野生动物保护工作面临最大的威胁因素之一，降低乃至消除人为干扰是保护区保护生物多样性的重要任务。但人为干扰类型较多，发生位置难以预测，加之保护区面积较大，采用传统的调查方法需要消耗大量人力、物力，因此很难准确掌握人为干扰的准确信息。

浙江清凉峰国家级自然保护区成立以来，在华南梅花鹿栖息地选择、食性和行为节律研究等方面取得了一系列进展。同时，有研究指出保护区内存在较强的放牧、砍伐等方面干扰，且干扰有逐步增加的趋势，甚至发现有偷猎现象，这些干扰已威胁到华南梅花鹿的生存（吴海龙 等，2003）。为了定量评估保护区内人为干扰现状、以便更好地开展华南梅花鹿及其他珍稀濒危野生动物的保护工作，研究团队自2014年11月起，利用红外相机对浙江清凉峰国家级自然保护区内千顷塘保护片区的梅花鹿栖息地进行了持续3年的监测，对该片区内人为干扰的类型及时空格局进行了初步探究，为保护区制定有效管理策略和进一步研究清凉峰保护区梅花鹿及其他珍稀野生动物应对人为干扰的响应机制提供了基础。

## 5.1 研究方法

### 5.1.1 研究地点

浙江清凉峰国家级自然保护区周边社区包括昌化镇、龙岗镇和清凉峰镇等3个乡镇的8个行政村，共有124个村民小组，拥有劳动力7308人。在所有人口中，居住在保护区内的有 318 户 1006 人。保护区周边社区呈典型的山地社区经济特征，经济结构以农业为主，对保护区及周边资源有较强的经济依赖性。农业收入主要来源于山核桃、木材、茶叶、毛竹等，道场坪、癞痢尖北面等区域存在一定程度的放牧生产活动（吴海龙 等，2003）。

## 5.1.2　干扰类型

采用红外相机公里网格法（Rowcliffe et al.，2008；肖治术 等，2014；余建平 等，2017）对千顷塘保护片区内的人为干扰的种类、分布和强度等进行了监测，布设方法参考第 3 章。

根据红外相机监测结果将千顷塘保护片区人为干扰分为 3 个综合类型，即人类活动、家畜和家犬干扰。依据行为、停留时间、干扰程度和管理措施不同将人类活动细分为 4 种具体的干扰：行走、盗采、盗伐和盗猎。千顷塘保护片区放牧的家畜有 2 种，即黄牛（*Bos primigenius taurus*）和羊（*Capra aegagrus hircus*），依据干扰海拔和时间的不同，将家畜分为牛干扰和羊干扰。家犬干扰对象为家犬（*Canis lupus familiaris*）。

## 5.1.3　数据分析

由于干扰动物或人在红外相机监测区域内觅食或行走过程中会持续触发红外相机进行连续拍摄多张照片。因此，为有效避免重复计算减小误差，把同一台相机 30min 内拍摄的同一干扰类型的照片或视频记为一次独立干扰事件，即按一张独立照片（董潭成 等，2014；何百锁 等，2016；束祖飞 等，2018）进行统计。

通过计算每个月或每个时间段（一个时间段间隔为 2h）内华南梅花鹿的相对多度（relative abundance index，RAI）来分析其活动节律（武鹏峰 等，2012）。月相对多度 $MRAI$，日相对多度 $MTAI$ 计算公式如下：

$$MRAI = M_i/N \tag{5-1}$$

$$TRAI = T_i/N \tag{5-2}$$

式中，$M_i$ 为第 $i$ 月获得的华南梅花鹿独立照片数，$T_i$ 为第 $i$ 个时间段活动的华南梅花鹿独立照片数，$N$ 为华南梅花鹿独立照片总数（李生强 等，2016；胡立 等，2016）。

栖息地内各种干扰的月相对多度与日相对多度按同样的方法进行计算。

## 5.2 研究结果

2014 年 11 月共布设红外相机 57 台，海拔垂直变化为 645m。2014 年 11 月至 2017 年 12 月期间，共计监测了 53 703 个相机日，平均每个位点监测 1053 个相机日；共获得含有动物影像的照片 48 574 张，含有华南梅花鹿影像的照片有 21 172 张。人类干扰的照片 3371 张，其中野生动物独立照片 9527 张，华南梅花鹿独立照片 2061 张，人类干扰独立照片（以下简称干扰照片）152 张。

### 5.2.1 干扰类型及数量情况

监测区域共记录 7 种干扰类型，干扰照片数量从高到低依次是羊干扰（45 次）>牛干扰（40 次）>行走干扰（36 次）>盗采干扰（16 次）>家犬干扰（11 次）>盗猎干扰（2 次）=盗伐干扰（2 次）。出现位点数从高到低依次是行走干扰（19 个）>羊干扰（9 个）>牛干扰（6 个）>家犬干扰（5 个）=盗采干扰（5 个）>盗猎干扰（2 个）=盗伐干扰（2 个；图 5-1）。

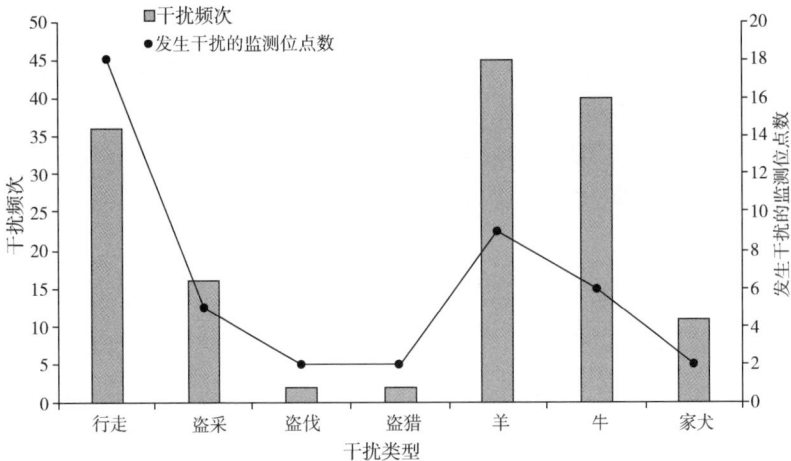

图 5-1　干扰频次及发生干扰的监测位点数量

### 5.2.2 干扰的时间格局与华南梅花鹿的活动节律

基于红外相机数据，研究者分析了千顷塘保护片区内华南梅花鹿的年活动格局和日活动节律。华南梅花鹿一年中的活动在冬季较低，进入春季梅花鹿的活动开始增加并在秋季上旬达到活动的顶峰，此后活动开始下降（图 5-2）。华南梅花鹿全天均有活动，在一天中各时段的活动较为平均。各时段的活动总体呈平缓的"M"型，在 06:00~08:00 和 18:00~20:00 两个时段相对较高（图 5-3）。

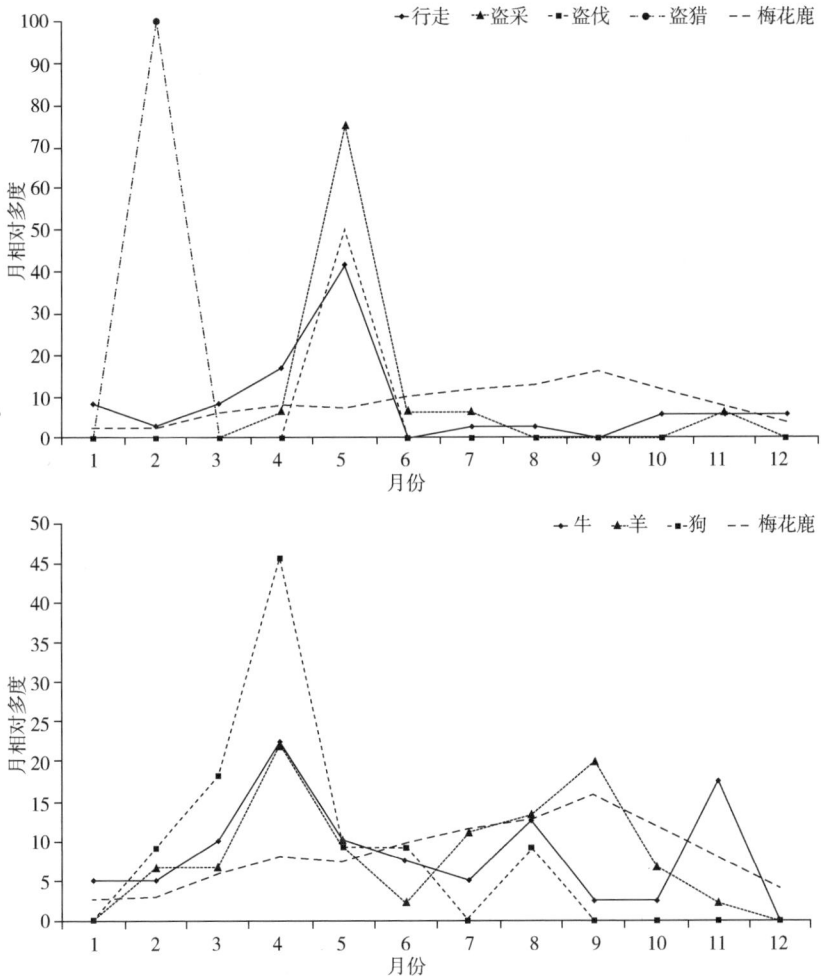

图 5-2　各月干扰分布示意

从季节上看，保护区内人为干扰高发季为春季、秋季。人类活动干扰强度最高的是春季，冬季、秋季干扰较小，夏季干扰强度最低。牛干扰、羊干扰在春季、秋季干扰强度最高。家犬干扰在春季强度最高。从月份上看，人为干扰集中于上半年（1~6 月），其中行走干扰和盗采干扰在 5 月干扰强度最高。羊干扰在 4 月和 9 月干扰强度最高。牛干扰在 4 月和 11 月记录到的频次最高。家犬干扰同样主要集中于上半年（图5-2）。从具体时间上看，保护区内人为干扰主要出现在07∶00～18∶00，干扰强度最高的时段为08∶00～10∶00，夜间几乎无干扰（表5-1）。行走干扰高发时段是12∶00～14∶00，盗采干扰同样在12∶00～14∶00这个时段干扰强度最高。盗伐和盗猎干扰在监测期间各自仅有两次记录，但两种干扰发生的时段完全一致，分别是10∶00～12∶00和12∶00～14∶00。牛干扰在04∶00～20∶00都有出现，但干扰强度最高的时段是08∶00～10∶00。羊干扰在8∶00～10∶00和16∶00～18∶00这两个时段干扰强度最高。家犬干扰主要集中于8∶00～14∶00（图5-3）。

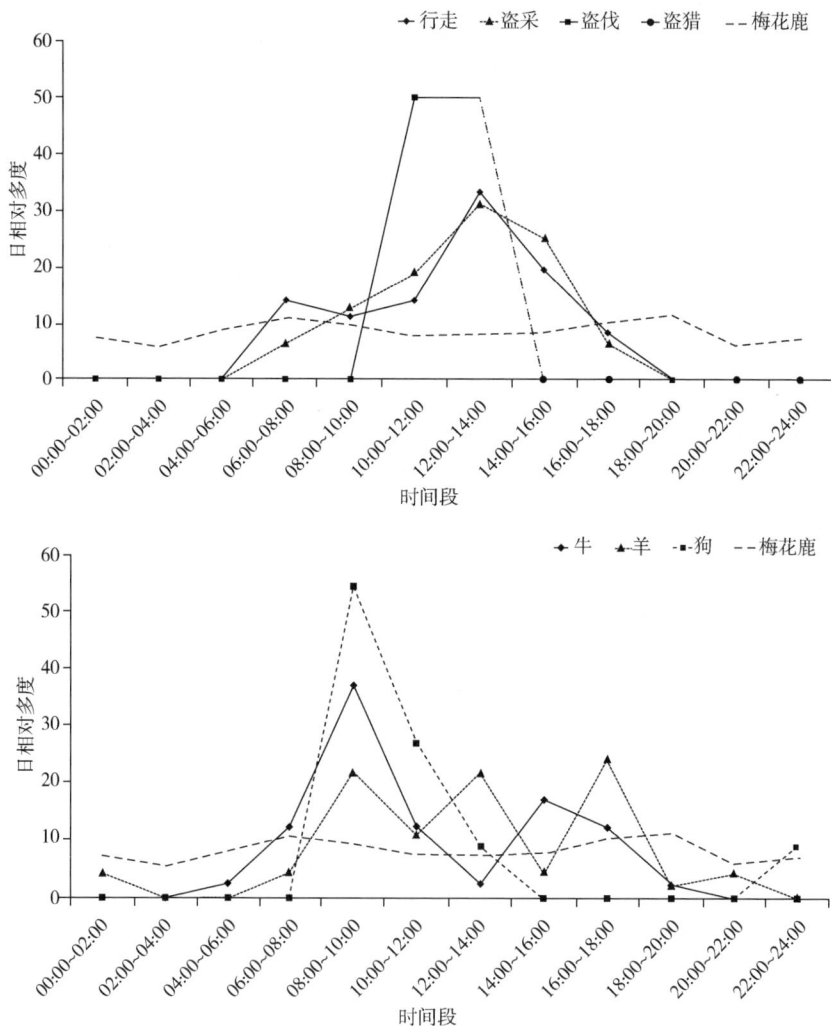

图5-3　各时间段干扰分布示意

表 5-1　千顷塘保护片区内人为干扰的月和日干扰频次统计

| 月份 | 干扰种类 | 干扰频次（次） | 时间段 | 干扰种类 | 干扰频次（次） |
|---|---|---|---|---|---|
| 1 | 2 | 5 | 00:00 ~ 02:00 | 1 | 2 |
| 2 | 5 | 9 | 02:00 ~ 04:00 | 0 | 0 |
| 3 | 4 | 12 | 04:00 ~ 06:00 | 1 | 1 |
| 4 | 4 | 31 | 06:00 ~ 08:00 | 4 | 13 |
| 5 | 6 | 37 | 08:00 ~ 10:00 | 5 | 37 |
| 6 | 4 | 6 | 10:00 ~ 12:00 | 7 | 23 |
| 7 | 4 | 9 | 12:00 ~ 14:00 | 7 | 31 |
| 8 | 4 | 13 | 14:00 ~ 16:00 | 4 | 20 |
| 9 | 2 | 10 | 16:00 ~ 18:00 | 4 | 20 |
| 10 | 3 | 6 | 18:00 ~ 20:00 | 2 | 2 |
| 11 | 5 | 12 | 20:00 ~ 22:00 | 1 | 2 |
| 12 | 1 | 2 | 22:00 ~ 24:00 | 1 | 1 |

## 5.2.3　干扰的空间格局

从空间上来看，人类活动是所有干扰类型中分布最广的，18 个监测位点记录到干扰照片。人类活动干扰主要分布于保护区西部，其中行走干扰集中在海拔较高的千顷塘水库周边，盗采干扰出现在靠近保护区西北部的低海拔居民点周围。羊干扰出现在保护区的东部和靠近宁国市的北部癫痢尖区域，干扰频次最高的位置在保护区东部道场坪一带中海拔的山腰上。牛干扰出现保护区东部，牛干扰与羊干扰覆盖区域虽有重叠现象，但两种干扰的强度最高位置并不相同。家犬干扰仅在保护区西部的居民点附近低海拔区域记录到（图 5-4）。

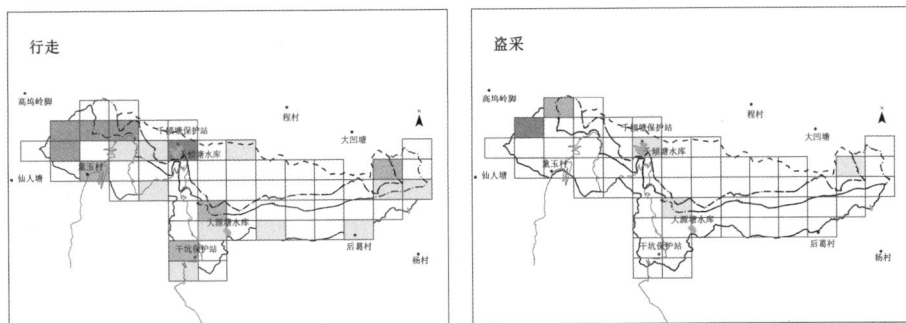

图 5-4　千顷塘保护片区干扰分布示意（彩图 8 ~ 15）

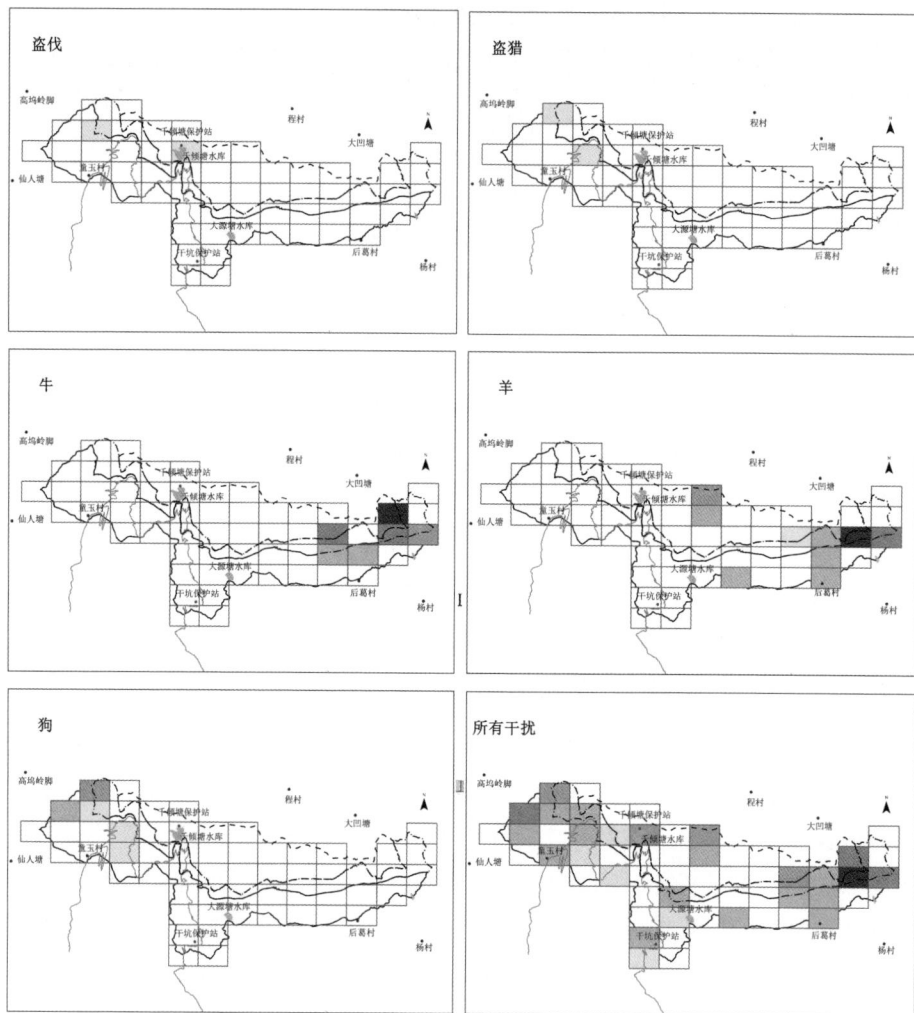

图例Legend

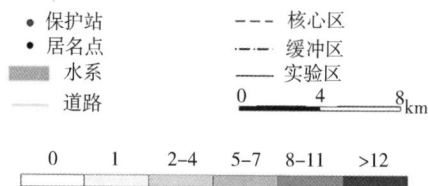

图 5-4　千顷塘保护片区干扰分布示意（彩图 8~15）（续）

　　图中用不同颜色划分不同的干扰程度，颜色越深干扰越强。在单个干扰类型图中，指该网格干扰发生的次数；所有干扰示意图中，指该网格干扰次数占总干扰的百分比。

## 5.3　讨论与建议

浙江清凉峰国家级自然保护区千顷塘保护片区西部人为干扰覆盖面积较广，具体为大湾及千顷塘水库以西的区域，而位于保护区东部的道场坪人为干扰频率最高。保护区域内人为干扰的高发区与梅花鹿的几个重要分布区（如螺蛳尖、千顷塘、道场坪）的重合度较高。人为干扰集中于 4~5 月，这个季节是华南梅花鹿繁殖产仔的时间（于江傲，2008），待产的母鹿行动迟缓，规避干扰的能力降低，干扰造成的危害也会加大。由于历史的原因，保护区域内及周边地区存在数个不同规模的村落，居民的生产活动是导致居民点附近区域行走、盗采、盗伐、盗猎和家犬干扰频率较高的原因。

人类活动是千顷塘保护片区内存在的主要干扰，其特点是频次高、分布面积广。其中行走干扰频发区为千顷塘水库区域，原因是该区域曾作为旅游地进行开发（吴海龙 等，2003），虽然目前已停止旅游开发，但仍有徒步的游客从小道私自入内。而旅游和交通可能导致附近海拔 50m 范围内的保护动物缺失的严重后果（张跃 等，2012），千顷塘水库及周围区域是梅花鹿的重要水源地，不及时降低并消除干扰，可能使华南梅花鹿和其他珍稀濒危野生动物的保护工作面临更加险峻的形势。

研究发现，华南梅花鹿在一年中集中于秋季活动，一天之中晨昏时段活动较高，这与程建祥等（2018）在此区域对华南梅花鹿活动节律的研究结果一致。从时间上看，栖息地内的干扰与华南梅花鹿的日活动节律存在一定的重叠。行走、盗采和盗伐干扰在一天之中通常集中于 12:00~14:00 时段发生，而这个时段也是华南梅花鹿一天之中活动较频繁的 3 个时段之一（7:00~9:00、12:00—14:00、17:00~19:00；程建祥 等，2018）。长期的干扰可能会改变梅花鹿的节律习性，如增加凌晨和黄昏两个人为干扰较少时段的活动从而规避干扰，如 Doormaal 等（2015）研究证实日本梅花鹿（*Cervus nippon nippon*）和野猪（*Sus scrofa*）通过将活动模式转向夜间活动的方式来躲避人类和人类干扰。4~5 月是当地挖笋季节，童玉村区域盗采干扰频次达到顶峰，同时在附近记录的行走干扰也与此处的采挖竹笋活动有关。

放牧曾经是昌化县周边社区的主要生产方式之一，在 1983 年之前道场坪区域是主要的放牧基地，养殖有大量的牛和羊。1998 年成立保护区后，禁止了保护区内的放牧生产，但目前仍有放牧干扰的记录，其中道场坪附近的牛干扰和羊干扰来自昌化镇的后葛村，而癫痫尖区域记录到的羊干扰来自于宁国市万家乡社区，吴海龙等（2003）发现癫痢尖（安徽省一侧）散养着数量巨大的羊群也证实了研究者的推测。华南梅花鹿一般栖息于 1000～1200m 的海拔地段，秋冬季节会因为高海拔地区气温较低和缺少食物而到低海拔区域活动（王晓 等，2018）。调查结果显示牛干扰在中高海拔的山脊、山坡，羊干扰集中在中低海拔谷地，和梅花鹿的栖息范围和分布海拔高度重合，华南梅花鹿可能会因此而面临较大的取食压力甚至迫于压力进一步缩小生存空间。牛、羊干扰最高的时间段（06：00～08：00）与梅花鹿的日活动高峰时间段亦存在重叠。而放牧干扰亦可能会导致梅花鹿的活动时间分配发生变化，王晓等（2018）对卧龙保护区的研究证实了放牧干扰会导致水鹿趋向黄昏时段运动。

农村城市化以及社区居民采取散养方式造成了家犬被有意或无意地遗弃，这些家犬会失去管制逐渐形成流浪狗群体（杨乐 等，2019）。流浪狗已经成为了一种遍及全球的数量巨大的食肉动物类群（Denney RN，1974），在美国流浪狗主要攻击或猎捕鹿类、小型哺乳类和地栖型鸟类（Hughes J et al.，2013）。保护区内家犬干扰出现在童玉村、高坞岭脚附近，推测这些家犬来自这两个居民点。目前虽未有证据证实该区域的家犬是否已组成有规模的流浪狗群，但该位置毗邻螺丝尖梅花鹿分布小区，若不及时进行约束管理，对保护区内野生动物造成的打击可能是毁灭性的。另外，家犬也有可能是随着野生动物盗猎分子进入保护区，保护区应对家犬出现频次较高的区域加强巡护工作。

# 第6章

## 华南梅花鹿食性研究

近年来，随着人口数量的增加、人类活动的干扰加剧，尤其是人类工业和农业开发、环境污染和旅游产业蓬勃发展在生存空间上的挤压以及早年的非法捕猎，均不同程度威胁华南梅花鹿的生存和繁衍。人类活动加剧，造成华南梅花鹿栖息地的破碎和隔离，物种灭绝速度加快、生物多样性丧失，华南梅花鹿种群生存和繁衍面临一定压力，亟须加大华南梅花鹿栖息地、营养生态学等研究，为该物种的种群保护和野放提供对策和解决方案。

营养生态学主要探讨在一定生境条件下食物营养来源、食物种类、丰富度以及食物资源季节变化对野生动物种群动态、贮食行为、活动规律、生存繁衍等的影响规律，是研究和探索动物与其生存环境相互作用关系以及动物种群生态学变化规律的前提，也是一项基础的生态学研究。华南梅花鹿属于国家一级保护野生动物，是梅花鹿种群中基因保存完整且纯正的一个亚种，具有极其重要的物种和生态研究价值，目前关于华南梅花鹿营养生态学系统研究较少。本研究对华南梅花鹿进行了系统性的研究，通过食性选择及适应性对策分析，弥补了华南梅花鹿在营养生态学方面的研究不足，为华南梅花鹿的进一步保护和管理提供科学依据。

## 6.1 研究方法

### 6.1.1 食物组成调查

研究人员分别于 2017 年 12 月至 2018 年 1 月、2018 年 3~5 月、6~8 月、9~11 月共 4 次开展梅花鹿主要食源植物调查。在千顷塘保护片区设立样线 20 条，所设置的样带能够覆盖保护区主要的植被类型。在样线上设置 5m×5m 的样方，每条样线上设置 10 个样方，记录每个样方内观察到的梅花鹿粪便、食痕、足迹和卧迹等新鲜活动痕迹。根据设置样方内梅花鹿活动痕迹，结合围栏（野化区）梅花鹿的直接饲喂观察，记录梅花鹿所采食的植物种类。

并将所采集植物放入样品采集袋内，带回实验室，用于后续鉴定、营养成分分析。每种植物采集 100~1000g 样品，当场称量鲜重并记录；在保护站铺开、风干；放入样品袋中，按照时间和地点进行登记，以备带回实验室后续研究。

## 6.1.2 食物组成分析鉴定

将采集的植物样本在烘箱中烘干 24h 至质量不变，小型中药粉碎机粉碎，过 100 目药筛，取筛子上部的粉末样品再过 30 目筛子。然后取约 1g 过筛的植物碎片，放入烧杯中，加入蒸馏水并用水浴锅加热 100℃ 持续 3h，取出冷却至室温后，将植物碎片转移至培养皿中，加入 10% 次氯酸钠，搅拌使样品分散并充分浸没，处理 10h。

处理完成后，于载玻片上滴一滴蒸馏水，用镊子夹取培养皿液体表面的悬浮碎片置于载玻片水滴上，使其充分展开，用滤纸吸去多余的水分。然后在 10 倍显微镜头下观察碎片结构，如清晰，滴加甘油，盖上盖玻片，待观察用。将收集的梅花鹿粪便置于 60℃ 烘箱干燥 24h，研钵碾碎，按照上述方法制备粪便样品的玻片。

## 6.1.3 食物组成判定

在 10 倍和 20 倍显微镜视野下，对不同植物样片进行观察，特别注意植物表皮细胞的形状、排列方式、大小、气孔形态、密度等特征，进行食性分析的鉴定研究。观察梅花鹿粪便样片时，每个样片选取 10~15 个视野，根据植物表皮细胞鉴定特征，辨认每个视野中出现的不同植物表皮碎片，详细记录。

通过计算粪便中植物相对密度 RD（relative density），分析华南梅花鹿食物组成及食物选择情况，将 RD > 2 的植物认定为主要食物；RD ≤ 2 的植物，认定为偶尔采食的植物。

粪便中植物相对密度 RD 的计算公式如下：

$$RDi = \frac{\sum (a_1 + a_2 + \cdots + a_n)}{\sum (A_1 + A_2 + \cdots + A_n)} \times 100\% \tag{6-1}$$

式中，$a_1$，$a_2$，$\cdots$，$a_n$ 代表在第 $n$ 个粪便装片显微视野中植物 $i$ 出现的碎片数；

$A_1$，$A_2$，$\cdots$，$A_n$ 代表在第 $n$ 个粪便装片显微视野中植物出现的总碎片数。

以上统计分析在 SPSS19.0 软件中进行。

## 6.1.4 食源植物营养测定

根据调查后不同植物采食频次和偏好，将采食频次高的植物，每种植物采集100~1000g样品，现场称量鲜重并记录；在保护站铺开、风干；放入样品袋中，按照时间和地点进行标记，带回实验室开展营养成分检测研究。

### 6.1.4.1 水分含量测定

①准备好洁净干燥的称量瓶若干，置于95~105℃的干燥箱中，瓶盖斜置于瓶边，加热0.5~1.0h后取出盖好，然后将称量瓶置于干燥器内冷却0.5h，并重复干燥称量瓶至恒重。

②准确称取2.00~10.00g粉碎后的样品，放入干燥后的称量瓶中，试样厚度要<5.0mm。加盖后精密称量，然后置于95~105℃的干燥箱中，瓶盖斜置于瓶边，干燥2~4h后，盖好取出，放入干燥器中冷却0.5h后称量。然后再次放入95~105℃的干燥箱中干燥1h，取出，放入干燥器中冷却0.5h后再称量；直至前后两次质量差不超过2mg即可。

③以此来计算不同品种植物中含水量（%）。计算公式：

$$X = （m_1 - m_2） / （m_1 - m_3） \times 100\% \tag{6-2}$$

式中，$X$为植物中水分的含量（%）；$m_1$为称量瓶和试样的质量（g）；$m_2$为称量瓶和试样干燥后的质量（g）；$m_3$为称量瓶的质量（g）。

### 6.1.4.2 粗灰分含量测定

①准备大小适宜的坩埚若干，放置于马弗炉中，在550±25℃下灼烧0.5h，冷却至200℃以下后，取出，放入干燥器中冷却至室温，准确称量，并重复灼烧至恒重。

②然后将不同品种的样品2.0~3.0g样品放入坩埚中，准确称量。先将坩埚放在电炉上小火加热，使得样品充分碳化至无烟，然后放入马弗炉中，在550±25℃下灼烧4h，冷却至200℃以下后取出，放入干燥器中冷却0.5h，准确称量；重复灼烧至前后两次称量相差不超过0.5mg为恒重。

③以此来计算不同品种植物中灰分含量（%）。计算公式：

$$X = （m_1 - m_2） / （m_1 - m_3） \times 100\% \tag{6-3}$$

式中，$X$为树皮中灰分的含量（%）；$m_1$为坩埚和试样的质量（g）；$m_2$为坩埚和试样干燥后的质量（g）；$m_3$为坩埚的质量（g）。

### 6.1.4.3 粗脂肪含量测定

①利用万能粉碎机对适当干燥后的不同干燥食物样品进行粉碎处理，精

密称取每份粗脂肪样品粉末 2g 左右。

②用脱脂棉蘸上少量乙醚对盛装样品的索氏提取容器进行擦拭，再取少量脱脂棉塞于抽提管底部，用滤纸包好的不同食物样品塞进抽提管内，并向其中加入乙醚至抽提管 2/3 处，用水浴锅进行水浴加热（温度 60~70℃），打开冷凝管进水口，开始加热抽提，抽提时间在 2~3h。

③抽净脂肪后，用长柄镊子取出滤纸包，回收抽提瓶中乙醚，取下冷凝管和抽提管，继续加热除尽抽提瓶中残余的乙醚。

④将抽提瓶在干燥烘箱内 105℃ 下烘至恒重为止，约 1h，抽提瓶增加的质量即为粗脂肪的质量。

### 6.1.4.4　粗蛋白含量测定

①消化前样品处理，用玻璃培养皿装脱脂不同品种食物粉末，放入烘箱，在 105℃ 下，每干燥 1h 后，待降至室温后称重，直至达到恒重。

②样品消化，称取 0.5g 左右不同品种食物粉末到消化管，加入 10mL 浓硫酸、0.1g 硫酸铜、1.5g 硫酸钾，于消化仪上进行消化处理。消化开始时应控制火力，不使液体冲到瓶颈，消化炉在开启的通风橱中进行。待瓶内水蒸气蒸完，硫酸最先分解并放出二氧化硫白烟后，二氧化硫出气口与自来水龙头用橡皮管连接，适量增强火力消化，直至消化液出现透明淡绿色大约 4h，消化温度在 500℃ 左右。

③蒸馏吸收，取消化液，用蒸馏水定容至 100mL 容量瓶中，取 10mL 液体，加入 20mL 氢氧化钠。分别用橡皮管与凯氏定氮仪的各进出水口连接，出水口、排水口用橡胶管连接后置入水池内。冷却水接口与自来水龙头衔接，水、氢氧化钠输入接口与橡胶管衔接后分别置入蒸馏水、氢氧化钠盛气筒内。开启电源开关、水开关，蒸馏水流入炉内，抵达一定液体高度，受液位控制器控制停止进水，进入电加热状况。在 250mL 三角烧瓶中加入 2% 硼酸 10mL 和 1 滴 1:1 的甲基红溴甲酚绿指示剂，将该瓶套在汲取管上，并让管口浸没在硼酸溶液之中。蒸馏发生炉内经过 1~2min 加热达到沸腾，快速产生蒸汽进入消化管内进行蒸馏，蒸馏时间大概 5min，将接收瓶下移，使接收瓶脱离液面，用水冲刷清洗出气口，然后取下接受瓶，待滴定之用。

④滴定，用标准盐酸溶液滴定各锥形瓶中搜集的氨量，以 0.05mol/L 标准盐酸溶液进行滴定，溶液由淡蓝色变成粉红色，达到滴定终点。空白液按上述步骤进行一次，作为比较。根据盐酸溶液的消耗量即可计算食物粗蛋白（%），计算公式：

$$粗蛋白含量（\%）= V \times C \times 0.014 / m \times 100 \times 6.25 \qquad (6\text{-}4)$$

式中，*V* 为消耗的盐酸用量（mL）；*C* 为盐酸浓度（mol/L）；*m* 为所用干燥食物粉末重量（g）。

### 6.1.4.5  粗纤维含量测定

①准确称取 20~30g 粉碎后的不同食物，移入 500mL 锥形瓶中，然后加入 200mL 煮沸的 1.25% 硫酸，加热使其微沸，保持体积恒定，维持 30min，每隔 5min 摇动锥形瓶一次，以充分混合瓶内的物质。

②然后取下锥形瓶，立即用亚麻布过滤，用沸水洗涤直至洗液呈中性。

③再用 200mL 煮沸的 1.25% 氢氧化钾溶液，将亚麻布上的存留物洗入原锥形瓶内加热微沸 30min 后，取下锥形瓶，立即用亚麻布过滤，以沸水洗涤 2~3 次后，移入已干燥称量的 G2 垂融漏斗中，抽滤，用热水充分洗涤后，抽干。再依次用乙醇和乙醚洗涤一次。最后将坩埚和内容物在 105℃烘箱中干燥至称量，直至恒重。根据公式计算不同食物中粗纤维含量，计算公式：

$$X = G/m \times 100\% \tag{6-5}$$

式中，*X* 为食物中粗纤维含量（%），*G* 为残余物的质量（g）；*m* 为样品的质量（g）。

### 6.1.4.6  能量计算

按照每克粗蛋白和粗纤维的能量转换系数为 16.74kJ、每克粗脂肪的能量转换系数为 37.66kJ，通过计算可以得出不同品种食物中的营养成分及总能量结果。计算公式：

$$总能量（kJ/g）= 1000 \times (A_1 + A_2) \times 16.74 + A_3 \times 37.66 \tag{6-6}$$

式中，$A_1$ 表示每克食物中粗蛋白含量（%），$A_2$ 表示每克食物中粗纤维含量（%），$A_3$ 表示每克食物中粗脂肪含量（%）。

## 6.1.5  异噬植物次生代谢产物含量检测

### 6.1.5.1  单宁含量测定

①采用改良的香草醛-硫酸法测定植物组织样品中缩合单宁的含量。称取 0.1g 灯台树、华山树、毛山野樱桃、茅栗、三桠乌药以及菝葜等粉碎后的粉末，溶于 10mL 甲醇（含 1% 盐酸）中，常温下摇床摇 20h，同时超声提取 30min。然后取上清液 1mL，向其中加入 5mL 香草醛显色液（8% 硫酸:4% 香草醛 =1:1），静置 20min，在 495nm 处测定吸光值。

②标准曲线的制作：精密称取儿茶素标准品 0.02g，置于 20mL 容量瓶中，加水定容，精密量取儿茶素标准液 0.125、0.25、0.5、1、2、3、4mL，分别置于 10mL 试管中，做一空白管，然后各取 1mL 儿茶素标准液于具塞离

心管中，分别加入 5mL 香草醛显色液，混匀静置 20min，在 495nm 波长下测定吸光度。然后以质量浓度为横坐标，以吸光度为纵坐标，绘制标准曲线，计算相关系数。

③将步骤①中所得单宁吸光度代入步骤②的标准曲线中计算出提取液中单宁浓度，然后根据显色液容积和植物组织质量计算缩合单宁含量（%）。

### 6.1.5.2　齐墩果酸含量测定

齐墩果酸，属于 α-香树脂醇型五环三萜类化合物，相对分子量 456，分子式 $C_{30}H_{48}O_3$，化学结构式见图 6-1。齐墩果酸在自然界中分布非常广泛，根据中药化学方面的资源调查和分析，目前齐墩果酸至少存在于 26 个科 70 多种天然植物中，如灯台树、夏枯草、陆英、车前草、白花蛇舌草、柿蒂、乌梅、女贞子等中草药、乔木中均广泛被检测出。现代中药药理学研究表明，齐墩果酸具有广泛的药理作用和重要的生物活性，尤其在抗炎、抗虫、保肝护肝以及调节机体免疫力等方面已经呈现出令人关注的药理特性，其临床应用前景广阔。

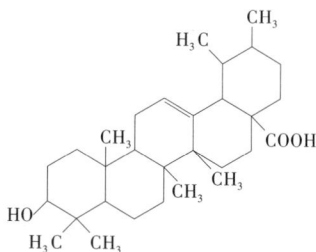

图 6-1　齐墩果酸结构式

①样品制备，准确称取灯台树、华山树、毛山野樱桃、茅栗、三桠乌药以及菝葜等粉碎后的树皮粉末约 1g，精密称定后，向其中加入石油醚 20mL，于实验室条件下浸泡 1~2h，漩涡混合器振荡 1min，然后用一次性滤膜过滤，过滤液于 40℃水浴锅中氮气流挥干全部石油醚，精密加入 10mL 色谱甲醇，称重后于超声波中处理 10min，根据重量用色谱甲醇补足供试品溶液。

②高效液相色谱分析，设置流动相为乙腈 − 0.05% 磷酸溶液 = 78∶22（$V/V$），流速 1.0mL/min，柱温 35℃，紫外检测波长 210nm，进样量 20μL。准确称取齐墩果酸标准品溶解于色谱甲醇中，作为储备液，利用色谱甲醇将储备液分别稀释成 100.0、50.0、10.0、5.0、2.0、1.0μg/mL 系列标准液，取 6 支具塞离心管，向其中准确加入 0.2mL 色谱甲醇，再向上述每个离心管中各加入 20μL 上述标准液，混匀后进样分析，以齐墩果酸药物峰面积（$Y$）为纵坐标，以质量浓度（$X$）为横坐标作标准曲线，求出标准曲线方程和相关系

数（r）。

取同一个混合标准对照品，连续进样6次，测定峰面积，根据5次峰面积变化，计算*RSD*，反映精仪器精密度。同时精密称取粉末适量，共称取5份，分别按照上述步骤①下方法处理，并按照上述色谱条件进样分析，根据5个样品峰面积变化，计算相对偏差值（*RSD*），考察分析方法重复性。取同一份标准品溶液，于0、2、4、8、12、24h分别进样，测定峰面积，计算*RSD*，考察分析方法稳定性。称取已知齐墩果酸含量的粉末1g，称取5份，分别向其中加入齐墩果酸对照品适量，按照上述步骤①下方法处理，并按照上述色谱条件进样分析，根据5个样品峰面积变化，计算加标后样品中齐墩果酸含量，然后根据样品中齐墩果酸含量和加入对照品量，计算加样回收率。

③样品中齐墩果酸含量测定，精密称取5份样品粉末各1g，按照步骤①下方法处理，并按照上述液相色谱条件进样测定，代入步骤求出的回归方程计算样品含量。

## 6.1.6 动物血液样品中齐墩果酸的测定

准确吸取0.2mL动物血浆于10mL具塞离心管中，振荡混匀后，向其中准确加入乙酸乙酯2mL，振荡器漩涡5min，6000r/min高速离心5min，取出全部上层有机相；2mL乙酸乙酯重复萃取一次，合并两次萃取的有机相于尖底玻璃离心管中，于45℃水浴中氮气流吹干，残渣用0.2mL的色谱甲醇复溶，漩涡混匀1min，18 000r/min高速离心5min。然后吸取全部上清液（色谱甲醇）于固相萃取小柱（SPE）中，然后加入2~3mL乙酸乙酯洗脱，收集全部洗脱液，于45℃水浴中氮气流吹干，残渣用0.05mL的色谱甲醇复溶，超声、漩涡混匀1min，18 000r/min高速离心5min后，吸取上清液20μL进高效液相色谱系统分析。

流动相为乙腈－0.05%磷酸溶液＝78:22（*V/V*），流速1.0mL/min，柱温35℃，紫外检测波长210nm，进样量20μL。

准确称取齐墩果酸标准品溶解于色谱甲醇中，作为储备液，利用色谱甲醇将储备液分别稀释成100.0、50.0、10.0、5.0、2.0、1.0μg/mL系列标准液，制备白术内酯Ⅱ内标液，使得内标浓度为20μg/mL内标液。取6支具塞离心管，向上述每个离心管中各加入0.2mL上述标准液，同时向每个离心管中准确加入白术内酯Ⅱ内标液0.2mL。然后将上述每个离心管于40℃水浴中氮气流挥干所有甲醇，向每个离心管中准确加入不含齐墩果酸的野生动物血清 0.2mL，漩涡混匀 1min，使得每个离心管中内标物白术内酯 Ⅱ 浓度均为 20μg/mL，而齐墩果酸浓度分别为 20.0、10.0、5.0、1.0、0.5、0.1μg/mL 的系列浓度。按照上述步骤进样分析，以齐墩果酸与白术内酯 Ⅱ 峰面积比值 ($Y$) 为纵坐标，以齐墩果酸质量浓度 ($X$) 为横坐标作标准曲线，求出标准曲线方程和相关系数 ($r$)。

按照上述标准曲线方程计算方法，求得齐墩果酸在野生动物血液中标准曲线如下：$Y = 0.0512X + 0.0043$ ($r^2 = 0.9999$)，见图 6-2。

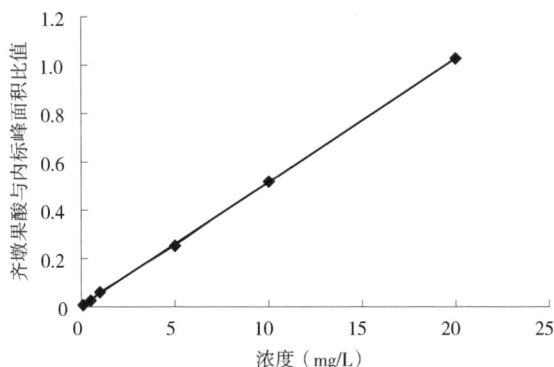

图 6-2　齐墩果酸在动物血浆中标准曲线

制备含药物曲线范围内高、中、低浓度血浆样品 0.1、0.2、1.0μg/mL 作为质控样品 (QC)，按照"上述样品处理方法"处理后进样分析，每个浓度样品重复 5 次，以样品中药物峰面积代入标准曲线方程，根据所求的相对浓度与绝对浓度之比，计算高、中、低 3 种浓度下方法相对回收率。比较以上样品于日内 5 次的变化幅度，计算回收率和精密度。

## 6.2　研究结果与分析

### 6.2.1　食性分析

本次调查主要观察到华南梅花鹿采食植物种类 131 种，其中草本类植物 92 种，灌木类 31 种，乔木类 8 种，主要分布在禾本科、蔷薇科、豆科、百合科、菊科、莎草科、忍冬科、樟科和虎耳草科等科，采食部位主要是嫩枝、叶和果实等，详细结果见表 6-1。

**表6-1 华南梅花鹿食源植物种类和部位（乔木和灌木类）**

| 类别 | 科 | 种类 | 学名 | 采食部位 |
|---|---|---|---|---|
| 乔木 | 桦木科 | 雷公鹅耳枥 | *Carpinus viminea* | 嫩枝、叶 |
| | 漆树科 | 盐肤木 | *Rhus chinensis* | 嫩枝、叶 |
| | 蔷薇科 | 湖北海棠 | *Malus hupehensis* | 嫩枝、叶 |
| | | 垂丝海棠 | *Malus halliana* | 嫩枝、叶 |
| | | 桃 | *Prunus persica* | 嫩枝、叶 |
| | 壳斗科 | 短柄枹栎 | *Quercus glandulifera* | 嫩枝、叶 |
| | | 茅栗 | *Castanea seguinii* | 嫩枝、叶 |
| | 山茱萸科 | 灯台树 | *Bothrocaryum controversum* | 叶 |
| 灌木 | 百合科 | 菝葜 | *Smilax china* | 嫩枝 |
| | | 小果菝葜 | *Smilax davidiana* | 叶、果 |
| | | 土茯苓 | *Smilax glabra* | 叶、果 |
| | 豆科 | 大叶胡枝子 | *Lespedeza davidii* | 枝、叶 |
| | | 绿叶胡枝子 | *Lespedeza buergeri* | 嫩枝叶 |
| | 杜鹃花科 | 满山红 | *Rhododendron mariesii* | 嫩枝叶 |
| | 虎耳草科 | 中国绣球 | *Hydrangea chinensis* | 叶、花 |
| | 胡颓子科 | 木半夏 | *Elaeagnus multiflora* | 枝叶 |
| | 猕猴桃科 | 猕猴桃 | *Actinidia chinensis* | 嫩叶 |
| | 木通科 | 三叶木通 | *Akebia trifoliata* | 果实 |
| | 蔷薇科 | 野山楂 | *Crataegus cuneata* | 嫩枝、果 |
| | | 中华绣线菊 | *Spiraea chinensis* | 嫩叶、花 |
| | | 野蔷薇 | *Rosa multiflora* | 嫩枝、果 |
| | | 茅梅 | *Rubus parvifolius* | 嫩枝、果 |
| | | 三花悬钩子 | *Rubus trianthus* | 嫩枝、果 |
| | | 绣球绣线菊 | *Spiraea blumei* | 嫩枝、花 |
| | 忍冬科 | 忍冬 | *Lonicera japonica* | 嫩叶、花 |
| | | 南方六道木 | *Abelia dielsii* | 嫩枝叶 |
| | | 蝴蝶戏珠花 | *Viburnum plicatum* | 嫩枝叶 |
| | | 琼花 | *Viburnum macrocephalum* | 嫩枝叶 |
| | | 天目琼花 | *Viburnum opulus* | 嫩枝叶 |
| | | 下江忍冬 | *Lonicera modesta* | 嫩枝叶 |
| | | 荚蒾 | *Viburnum dilatatum* | 叶 |
| | 桑科 | 桑 | *Morus alba* | 叶果 |
| | 山茶科 | 微毛柃 | *Eurya hebeclados* | 枝、叶 |
| | 鼠李科 | 枳椇 | *Hovenia acerba* | 嫩枝叶 |
| | | 圆叶鼠李 | *Rhamnus globosa* | 嫩枝叶 |
| | 五加科 | 五加 | *Acanthopanax gracilistylus* | 嫩枝叶 |
| | 五味子科 | 南五味子 | *Kadsura longipedunculata* | 嫩茎 |
| | 樟科 | 山橿 | *Lindera reflexa* | 嫩枝叶 |
| | | 三桠乌药 | *Lindera obtusiloba* | 嫩枝叶 |

## 6.2.2 食源植物中营养成分和总能量

### 6.2.2.1 食源植物中营养成分含量

根据文献报道和实地考察,浙江清凉峰国家级自然保护区植物资源极其丰富,华南梅花鹿食源植物较广,本项目选择了其中乔木 5 种、灌木 10 种和草本 10 种植物蕴藏量最丰富的种类进行营养成分分析。根据实验室检测结果,项目研究 25 种食源植物,用作华南梅花鹿食物中含水量、粗灰分、粗脂肪、粗蛋白和粗纤维含量测定,详细结果见表 6-2、6-3。

表 6-2　不同季节华南梅花鹿食源植物中含水量、粗灰分含量测定　单位:%

| 类别 | 植物名称 | 春季 (3~5月) | | 夏季 (6~8月) | | 秋季 (9~11月) | | 冬季 (12~1月) | |
| --- | --- | --- | --- | --- | --- | --- | --- | --- | --- |
| | | 含水量 | 粗灰分 | 含水量 | 粗灰分 | 含水量 | 粗灰分 | 含水量 | 粗灰分 |
| 乔木5种 | 雷公鹅耳枥 | 52.31 | 12.84 | 48.91 | 10.68 | 20.36 | 16.21 | 62.81 | 13.62 |
| | 短柄枹栎 | 50.36 | 16.79 | 52.01 | 12.57 | 21.88 | 15.68 | 63.2 | 13.08 |
| | 湖北海棠 | 61.23 | 12.88 | 63.21 | 10.35 | 28.1 | 14.63 | 68.2 | 14.06 |
| | 垂丝海棠 | 50.61 | 10.36 | 50.28 | 10.22 | 26.3 | 13.92 | 52.3 | 14.05 |
| | 盐肤木 | 43.16 | 13.67 | 43.16 | 9.53 | 33.2 | 10.15 | 40.2 | 12.81 |
| 灌木10种 | 满山红 | 51.23 | 12.85 | 49.51 | 11.63 | 30.2 | 15.62 | 51.3 | 11.21 |
| | 三叶木通 | 62.13 | 11.69 | 38.22 | 11.32 | 32.6 | 13.36 | 61.3 | 12.29 |
| | 南五味子 | 48.18 | 10.63 | 46.33 | 12.68 | 34.2 | 14.25 | 52.1 | 14.73 |
| | 山櫃 | 51.08 | 11.19 | 38.15 | 10.05 | 38.1 | 11.08 | 49.8 | 10.37 |
| | 中国绣球 | 43.33 | 10.31 | 46.12 | 9.38 | 38.6 | 12.82 | 50.2 | 11.36 |
| | 野山楂 | 50.03 | 12.88 | 41.21 | 12.91 | 29.1 | 11.21 | 48.2 | 11.82 |
| | 中华绣线菊 | 48.22 | 11.23 | 38.44 | 14.35 | 33.2 | 13.83 | 39.3 | 14.06 |
| | 大叶胡枝子 | 42.61 | 11.59 | 57.14 | 11.06 | 28.1 | 12.66 | 42.3 | 12.39 |
| | 微毛柃 | 38.91 | 10.68 | 39.26 | 13.42 | 24.2 | 11.22 | 42.8 | 11.63 |
| | 忍冬 | 50.33 | 11.88 | 45.11 | 10.63 | 37.2 | 10.04 | 63.2 | 14.62 |
| 草本10种 | 葛藤 | 52.31 | 12.78 | 48.62 | 12.69 | 43.2 | 14.35 | 49.6 | 13.64 |
| | 夏枯草 | 46.62 | 10.05 | 47.52 | 13.64 | 32.6 | 12.23 | 54.2 | 10.84 |
| | 三脉叶紫菀 | 50.44 | 11.06 | 49.46 | 15.32 | 36.4 | 14.63 | 52.3 | 13.47 |
| | 一年蓬 | 42.19 | 8.29 | 44.26 | 11.08 | 31.5 | 10.33 | 60.3 | 12.41 |
| | 牛筋草 | 39.27 | 10.64 | 38.32 | 11.37 | 28.6 | 11.82 | 48.2 | 13.84 |
| | 白茅 | 48.16 | 9.63 | 51.63 | 10.21 | 36.7 | 12.78 | 41.02 | 13.08 |
| | 芒 | 48.11 | 8.29 | 45.63 | 10.85 | 38.2 | 13.62 | 46.3 | 13.29 |
| | 刚竹 | 39.17 | 9.64 | 40.13 | 10.33 | 26.9 | 11.84 | 51.3 | 11.48 |
| | 宽叶薹草 | 40.62 | 10.88 | 39.56 | 13.62 | 27.1 | 14.29 | 42.6 | 11.77 |
| | 百合 | 66.72 | 9.71 | 65.72 | 12.53 | 57.4 | 13.42 | 71.6 | 11.42 |

表 6-3　不同季节华南梅花鹿食源植物中粗脂肪、粗蛋白、
粗纤维含量测定　　　　　　　　　　单位:%

| 类别 | 植物名称 | 春季 (3~5月) | | | 夏季 (6~8月) | | | 秋季 (9~11月) | | | 冬季 (12~1月) | | |
|---|---|---|---|---|---|---|---|---|---|---|---|---|---|
| | | 粗脂肪 | 粗蛋白 | 粗纤维 | 粗脂肪 | 粗蛋白 | 粗纤维 | 粗脂肪 | 粗蛋白 | 粗纤维 | 粗脂肪 | 粗蛋白 | 粗纤维 |
| 乔木5种 | 雷公鹅耳枥 | 3.52 | 18.24 | 20.16 | 1.89 | 14.68 | 32.22 | 2.06 | 16.26 | 29.28 | 2.82 | 13.24 | 28.26 |
| | 短柄枹栎 | 3.05 | 17.96 | 20.52 | 1.62 | 15.27 | 31.65 | 2.18 | 17.68 | 30.52 | 2.73 | 13.08 | 27.64 |
| | 湖北海棠 | 3.61 | 18.22 | 20.84 | 1.63 | 16.35 | 34.63 | 1.81 | 15.63 | 30.26 | 2.68 | 13.62 | 28.93 |
| | 垂丝海棠 | 2.63 | 20.36 | 19.56 | 2.08 | 18.22 | 31.65 | 1.62 | 18.92 | 28.35 | 3.12 | 14.05 | 31.23 |
| | 盐肤木 | 4.34 | 17.63 | 18.67 | 2.13 | 14.53 | 30.82 | 2.33 | 20.13 | 27.68 | 3.02 | 13.08 | 30.65 |
| 灌木10种 | 满山红 | 3.51 | 15.28 | 17.35 | 1.95 | 11.63 | 30.44 | 2.03 | 17.62 | 31.26 | 3.15 | 15.12 | 31.57 |
| | 三叶木通 | 3.62 | 15.69 | 20.68 | 1.88 | 15.32 | 29.33 | 2.15 | 15.63 | 33.09 | 3.61 | 12.29 | 34.06 |
| | 南五味子 | 4.38 | 18.63 | 22.91 | 1.96 | 12.68 | 30.51 | 2.15 | 14.25 | 35.12 | 2.15 | 13.37 | 31.83 |
| | 山檀 | 3.16 | 19.11 | 21.64 | 2.24 | 14.05 | 31.62 | 1.82 | 15.08 | 27.66 | 2.98 | 11.73 | 30.46 |
| | 中国绣球 | 4.33 | 20.31 | 22.03 | 2.36 | 13.38 | 26.52 | 1.68 | 16.83 | 25.84 | 3.02 | 11.36 | 27.64 |
| | 野山楂 | 3.05 | 18.28 | 16.25 | 2.41 | 12.91 | 27.11 | 1.92 | 14.21 | 30.12 | 2.84 | 12.82 | 28.45 |
| | 中华绣线菊 | 3.68 | 17.88 | 15.31 | 1.84 | 14.35 | 29.05 | 2.33 | 13.83 | 28.62 | 2.94 | 14.06 | 29.61 |
| | 大叶胡枝子 | 3.66 | 19.15 | 16.82 | 1.75 | 15.06 | 31.62 | 2.14 | 14.66 | 27.75 | 3.12 | 13.63 | 27.42 |
| | 微毛柃 | 3.18 | 18.06 | 17.66 | 1.89 | 15.32 | 31.62 | 2.24 | 18.22 | 31.88 | 2.82 | 11.63 | 26.59 |
| | 忍冬 | 5.03 | 18.18 | 18.36 | 1.45 | 15.63 | 36.21 | 2.07 | 19.04 | 31.11 | 2.63 | 14.62 | 24.62 |
| 草本10种 | 葛藤 | 3.52 | 17.82 | 20.33 | 1.38 | 12.69 | 38.54 | 2.34 | 16.35 | 30.82 | 2.94 | 15.23 | 28.01 |
| | 夏枯草 | 3.66 | 20.05 | 24.61 | 1.75 | 13.64 | 29.62 | 2.22 | 15.23 | 26.35 | 3.1 | 10.84 | 27.26 |
| | 三脉紫菀 | 4.05 | 16.11 | 21.63 | 1.94 | 15.32 | 35.44 | 2.61 | 14.63 | 24.13 | 3.25 | 13.47 | 28.25 |
| | 一年蓬 | 3.02 | 18.29 | 22.82 | 1.63 | 16.08 | 39.18 | 2.31 | 15.33 | 25.81 | 3.06 | 14.06 | 24.63 |
| | 牛筋草 | 3.92 | 17.64 | 23.61 | 2.13 | 17.33 | 40.63 | 1.82 | 14.82 | 29.62 | 2.84 | 13.84 | 26.13 |
| | 白茅 | 3.88 | 16.33 | 21.82 | 1.75 | 15.21 | 31.89 | 1.96 | 15.78 | 24.63 | 2.41 | 14.82 | 24.66 |
| | 芒 | 3.18 | 18.29 | 22.44 | 2.63 | 14.85 | 30.62 | 1.87 | 17.62 | 30.24 | 2.36 | 13.29 | 25.51 |
| | 刚竹 | 3.19 | 19.64 | 20.21 | 1.43 | 16.33 | 29.55 | 1.62 | 15.84 | 32.61 | 2.51 | 14.23 | 23.78 |
| | 宽叶薹草 | 4.06 | 18.88 | 20.16 | 1.82 | 13.62 | 32.26 | 1.72 | 17.39 | 30.26 | 2.42 | 11.77 | 30.14 |
| | 百合 | 3.66 | 19.71 | 20.09 | 1.75 | 14.52 | 32.43 | 2.34 | 15.43 | 29.01 | 2.16 | 13.24 | 29.13 |

　　不同季节华南梅花鹿食源植物中营养成分含量测定表明，乔木、灌木和草木的含水率均在春季、夏季和冬季较高，秋季较低。乔木、灌木和草木中粗灰分的含量在秋季较高，其中乔木的粗灰分含量在夏季较低，灌木的粗灰分含量在春季或夏季较低，草木的粗灰分含量在春季较低。乔木、灌木和草木的粗脂肪和粗蛋白含量普遍在春季较高。而粗纤维含量乔木和草木在夏季较高，灌木在秋季或冬季较高。

## 6.2.2.2 食源植物中营养成分总能量

根据相关总能量计算公式，不同季节华南梅花鹿食源植物中总能量计算结果见表6-4。

分析计算结果可知，乔木和灌木的总能量在春季较低，在夏季或秋季较高；草木的总能量在冬季较低，在夏季较高。

### 表6-4 不同季节华南梅花鹿食源植物中营养成分总能量测定

单位：kJ/kg

| 类别 | 植物名称 | 春季（3～5月） | 夏季（6～8月） | 秋季（9～11月） | 冬季（12～1月） |
|---|---|---|---|---|---|
| 乔木5种 | 雷公鹅耳枥 | 7753.79 | 8562.83 | 8399.19 | 8009.11 |
| | 短柄枹栎 | 7546.66 | 8464.5 | 8889.67 | 7844.65 |
| | 湖北海棠 | 7898.17 | 9147.91 | 8363.63 | 8132.16 |
| | 垂丝海棠 | 7673.07 | 9066.28 | 8523.09 | 8754.86 |
| | 盐肤木 | 7711.06 | 8393.75 | 8880.87 | 8457.73 |
| 灌木10种 | 满山红 | 6784.13 | 7776.89 | 8947.01 | 8993.83 |
| | 三叶木通 | 7451.63 | 8182.42 | 8954.12 | 9118.52 |
| | 南五味子 | 8603.3 | 7968.14 | 9145.78 | 8376.17 |
| | 山橿 | 8011.61 | 8488.74 | 7840.09 | 8184.87 |
| | 中国绣球 | 8718.39 | 7568.04 | 7775.65 | 7665.93 |
| | 野山楂 | 6928.95 | 7606.95 | 8143.91 | 7978.14 |
| | 中华绣线菊 | 6941.89 | 7958.1 | 7983.61 | 8436.39 |
| | 大叶胡枝子 | 7399.73 | 8473.28 | 7920.42 | 8046.76 |
| | 微毛柃 | 7177.12 | 8402.13 | 9230.32 | 7460.04 |
| | 忍冬 | 8011.09 | 9224.09 | 9174.67 | 7559.23 |
| 草本10种 | 葛藤 | 7711.94 | 9095.61 | 8777.5 | 8345.58 |
| | 夏枯草 | 8854.44 | 7900.77 | 7796.54 | 7545.4 |
| | 三脉紫菀 | 7842.91 | 9227.83 | 7471.35 | 8207.88 |
| | 一年蓬 | 8019.15 | 9864.38 | 7756.78 | 7629.1 |
| | 牛筋草 | 8381.52 | 10504.7 | 8124.67 | 7760.52 |
| | 白茅 | 7847.52 | 8543.59 | 7502.77 | 7516.56 |
| | 芒 | 8015.79 | 8602.14 | 8716.01 | 7383.9 |
| | 刚竹 | 7872.24 | 8218.85 | 8720.62 | 7075.45 |
| | 宽叶薹草 | 8064.29 | 8365.72 | 8624.36 | 7927.11 |
| | 百合 | 8040.88 | 8518.48 | 8320.5 | 7906.19 |

## 6.2.3　非食源植物中活性成分含量

### 6.2.3.1　秋冬季华南梅花鹿啃噬植物中活性成分检测

根据前期观察结果，研究者选择了秋冬季华南梅花鹿啃噬树皮现象，研究者采集了灯台树、华山树、毛山野樱桃、茅栗、三桠乌药以及菝葜作为研究对象，分别检测了其中粗纤维、植物单宁以及齐墩果酸的含量，结果见表 6-5。

表 6-5　秋冬季华南梅花鹿啃噬植物中活性成分含量测定　　　单位：%

| 类别 | 植物名称 | 粗纤维 | 单宁 | 齐墩果酸 |
|---|---|---|---|---|
| 乔木 5 种 | 灯台树 | 7.63 | 1.24 | 1.04 |
| | 华山树 | 22.12 | 4.62 | 1.28 |
| | 毛山野樱桃 | 26.82 | 3.18 | 1.66 |
| | 茅栗 | 30.15 | 5.26 | 1.52 |
| | 三桠乌药 | 21.64 | 6.21 | 1.86 |
| | 菝葜 | 40.18 | 4.86 | 1.38 |

### 6.2.3.2　野生动物血液中齐墩果酸分析

根据 6.1.6 得出的回收率计算方法，代入样品中齐墩果酸峰面积和相同浓度下标准样品中齐墩果酸之比，计算高、中、低 3 种浓度下回收率。比较以上样品于日内 5 次进样和日间 5 次进样的齐墩果酸峰面积变化幅度，计算日内和日间 5 次进样所得齐墩果酸峰面积的 $RSD$，从而得出日内和日间精密度（表 6-6）。

表 6-6　齐墩果酸的回收率和精密度

| 添加浓度（μg/mL） | 平均回收率（%） | 日内精密度（%） | 日间精密度（%） |
|---|---|---|---|
| 0.1 | 88.21 | 7.21 | 8.22 |
| 1.0 | 91.69 | 6.37 | 6.62 |
| 10.0 | 92.21 | 5.06 | 5.01 |

## 6.2.4　食源植物营养成分与异噬分析

为了更好分析清凉峰保护区发现的华南梅花鹿在秋冬季存在异噬现象（主要啃噬灯台树、茅栗、华山树、野樱桃、三桠乌药及菝葜的树皮），研究团队将秋冬季华南梅花鹿异常啃噬食物样品现场称重放入档案袋中；同时采集一份新鲜植物样本放入档案袋中，作为植物种类鉴定用。

目前，国内人工养殖梅花鹿也很普及，研究表明肠道寄生虫是影响梅花鹿发展的重要疾病，梅花鹿尤其是幼龄梅花鹿感染肠道寄生虫会导致机体健康衰退、生产性能下降，甚至导致死亡。目前国内大部分梅花鹿养殖场均检查出寄生虫感染。保护站人员也在意外死亡梅花鹿肠道和肺部检测到寄生虫，通过粪便也发现梅花鹿粪便中含有大量寄生虫（丝虫和线虫等）。

哈佛大学的研究人员理查德·兰厄姆在非洲坦桑尼亚研究黑猩猩时发现，黑猩猩有时候会到一个特殊的地方，在那里找到一种向日葵，将它的嫩叶吞咽下肚，但它们从不将这当作正餐吃。研究表明，这种向日葵的叶子里含有一种红色油状物质，能杀死动物肠道内的寄生虫和真菌，甚至能杀死与艾滋病有关病毒。美国威斯康星大学的卡伦·斯特里厄研究了生活在巴西的一种类人猿。研究发现，类人猿甚至可以用挑选的草药来控制生育。如雌猿想怀孕了，它们就会到自己通常活动的范围之外，去采食一种叫猴耳树的果子，这种果子含有一种类似雌激素黄体酮的化学物质，吃过这种果子之后，雌猿就比较容易受孕。而在产下小猿之后，某些雌猿便有目的地大量吃含有植物性雌激素的豆子，以起到避孕的作用。

因此，根据"野生动物自我医疗假说"，本研究发现的异噬现象或许可以解释为华南梅花鹿啃噬树皮主要跟其体内寄生虫相关，用以驱除体内寄生虫，同时齐墩果酸、熊果酸等萜类化合物具有抗炎药理活性，华南梅花鹿通过大量啃噬这些物质，可以达到抗虫、消炎之功效。而本研究结果也表明，华南梅花鹿啃噬的乔木或灌木树皮粉末中齐墩果酸等三萜类化合物含量较高，同时这些树皮粉末中单宁含量也较为丰富。

## 6.3　讨论与建议

### 6.3.1　讨论

华南梅花鹿采食种类丰富，并随着季节性的变化而变化。对清凉峰保护区内华南梅花鹿的食物组成及采食习性研究发现，华南梅花鹿采食种类随季节的更迭而有较大变化，这与植被分布和季节变化密切相关。冬春季，可采食的种类极少，几乎没有草本类植物，主要利用灌木的果实和嫩梢；夏秋季，则大量采食草本类，禾本科、豆科、莎草科和菊科植物占比例较大。从清凉峰保护区内华南梅花鹿主要采食种类来看，草本有 92 种，显著多于灌木的 31 种；但从食物生物量的比重来看，草本在夏秋之交和冬春之交均小于灌木，特别在冬季，草本类特别是一年生草本基本枯死，即使多年生草本也多被积雪覆盖，能为华南梅花鹿提供的有效食物资源量极其有限。此时，华南梅花鹿主要采食灌木的枝梢、芽、花和较老的叶，从而为华南梅花鹿提供了得以过冬的基本食物。另一方面，灌木类的蛋白质和矿物元素（动物体内不能合成）一般比草本含量高，灌木对维持华南梅花鹿蛋白质和矿物元素的平衡供给是重要的营养源。即使在食物较丰富时，华南梅花鹿也会经常采食灌木。这是它们为了获得平衡的营养而采取"最少时间模式"和"最大能量模式"的体现。此外，灌丛能为华南梅花鹿提供良好的隐蔽条件，从而成为清凉峰华南梅花鹿的适宜生境。在乔木层的植被类型中，落叶阔叶林和针叶林中华南梅花鹿有相对较高的活跃度，但是华南梅花鹿大都是处于行走状态，很少观察到在林间觅食或较长时间的驻足，说明这两种植被类型不是华南梅花鹿的主要觅食植被类型。林间食物资源虽然不是很丰富，但是乔木层能降低人为干扰，并能够为华南梅花鹿提供一定的保护。

## 6.3.2　保护建议

食性研究与华南梅花鹿的生境、保护、疾病以及营养生态学等领域相关，本研究发现，清凉峰保护区华南梅花鹿摄食植物种类较为丰富，梅花鹿食源植物分布较广。成年梅花鹿即使在冬季，每天每头梅花鹿至少应供给33.05～37.66MJ，方能满足它的营养需求。本研究结果表明，清凉峰保护区内植被分布和摄食植物中营养成分能量基本能够满足不同季节华南梅花鹿能量需求。但秋冬季节尤其是冬季，由于清凉峰海拔相对较高，草本类植物被大雪覆盖，极少数残留的基本也枯萎，灌木的叶片也大多落尽，可能引起华南梅花鹿食物相对匮乏。此时华南梅花鹿主要利用灌木上残留的果实和当年嫩梢，如菝葜、映山红、盐肤木和山胡椒等常绿灌木的越冬幼枝嫩芽，在冬季经常发现被梅花鹿采食的痕迹，应适当增加种植。因此，建议保护区适当增加常绿灌木类植物，如天目杜鹃、鹰爪枫、南天竹、小果蔷薇、满山红、杜鹃等，调查发现这些常绿灌木类植物食物资源量相对较少。此外，还应对灌木进行适当矮化或稀疏，使得灌木不至于过高过密，增加其覆盖面，加强冬季保护区华南梅花鹿食物供给。

同时，本研究根据保护区常年观察到的华南梅花鹿啃噬树皮现象，研究人员对梅花鹿啃噬植物中天然活性物质成分进行了检测，结果表明其中一些药理活性成分相对含量较高，尤其是五环三萜类天然活性成分和单宁类化合物。现代药理活性研究表明，齐墩果酸、熊果酸等天然萜类化合物具有广泛药理活性，尤其是抗炎功能居于首位，而单宁类化合物具有驱除寄生虫、抗炎以及伤口收敛等显著药理活性。

结合报道和本研究发现，清凉峰保护区内华南梅花鹿体内寄生虫感染相对较严重，尤其进入秋冬季后，华南梅花鹿体内寄生虫能量供给不足，此时寄生虫对华南梅花鹿伤害加剧。因此，此季节的华南梅花鹿对寄生虫感染表现出高敏感性，炎症相对食物丰富季节较为严重。推测此时华南梅花鹿需要摄入大量抗炎和驱虫类植物来缓解寄生虫带来的损伤，因此，一些单宁和天然萜类化合物含量丰富的植物成为梅花鹿主要采食对象。因此建议保护区在改善华南梅花鹿区域环境、降低华南梅花鹿寄生虫感染同时，加强华南梅花鹿食源植物类调查，适当增加抗炎和驱虫效果良好的中药类植物种植，从而增强华南梅花鹿"自我医疗"能力，减轻寄生虫对华南梅花鹿的危害，增强体质，从而提高种群质量。

# 第7章

## 浙江清凉峰华南梅花鹿种群寄生虫研究

梅花鹿常见的寄生虫病有寄生性原虫病、吸虫病、线虫病和绦虫病。线虫病和吸虫病是多数鹿种常见常发的主要寄生虫病，血液原虫病因不同生活栖息地而呈现不同的感染情况。生活栖息地在北方地区的常见胃肠道线虫病、肺线虫病、梨形虫病。而南方地区常发吸虫病、线虫病、弓形虫病、梨形虫病等。本章就华南梅花鹿常见寄生虫病种类、病原以及检查治疗方法进行了总结，同时，通过粪便检查、解剖检查以及布旗法分别对华南梅花鹿体内外寄生虫进行检查并提出预防的建议，以期为华南梅花鹿保护管理提供科学依据。

## 7.1 常见寄生虫病

梅花鹿寄生虫病主要分内寄生虫病和体表寄生虫病，内寄生虫病主要由弓形虫、孢子虫、球虫、胃肠道线虫、肺线虫、血吸虫、肝片吸虫、阔盘吸虫、莫尼茨绦虫等引起的寄生虫病，而体表寄生虫病主要是由蜱、虱、螨等引起的。

各种寄生虫对梅花鹿的致病性和损害不同，其中血液原虫病引起的危害最为猛烈。如弓形虫病往往来势凶猛，死亡率高达13%。梨形虫病是由巴贝斯属、泰勒属的各种原虫寄生于鹿的巨噬细胞、淋巴细胞和红细胞内所引起的疾病，疫情猛烈，表现为全身脱毛，体重下降，体表淋巴结肿大等。新孢子虫可感染各种反刍动物，引起流产、死胎和神经系统疾病。肝片吸虫寄生于梅花鹿的肝脏、胆管内，可造成产茸期患鹿鹿茸生长缓慢。肺线虫寄生于鹿的气管及支气管内，引起支气管炎和肺炎，对幼龄鹿生长发育、公鹿生茸、母鹿产仔与泌乳，均有不同程度的影响。肠系膜内吸虫使多数病鹿发生下痢，肛门周围、尾部及飞节等处粘有粪便，部分病鹿颜面部浮肿，颊部外凸。梅花鹿疥螨病，是一种高度接触传染性寄生虫病，对鹿的精神状况、采食与栖息等方面产生不良影响。由于寄生虫在鹿体内外生长、发育和繁殖，其所需的物质主要来源于宿主，寄生的虫体数量愈多，被夺取的营养也就愈多，致使机体健康衰退，摧残动物机体，抑制成体及幼体的生长发育，严重者甚至危及宿主生命。

## 7.2 寄生虫检查与防治

为进一步了解华南梅花鹿种群健康状况，2017 年 12 月至 2020 年 6 月，研究团队先后在浙江清凉峰国家级自然保护区千顷塘保护片区及华南梅花鹿救护繁育试验场内，开展了华南梅花鹿体内及体外寄生虫检查。通过华南梅花鹿粪便虫卵检查、解剖死亡个体以及栖息地寄生虫检查，明确华南梅花鹿体内外寄生虫种类及分布，并提出华南梅花鹿寄生虫防治建议，以期为华南梅花鹿种群健康发展提供依据。

### 7.2.1 粪便虫卵检查

#### 7.2.1.1 材料与方法

（1）材料

新鲜华南梅花鹿粪样、饱和盐水、粪缸、粪筛、麦氏计数板、计数器、镊子、玻璃棒、光学显微镜。

（2）方法

①饱和盐水漂浮法定性检测。此方法简便且效果良好，在兽医工作中广泛应用，通常用于检查粪便中的球虫卵囊、蛔虫卵、圆线虫卵、圆叶目绦虫卵等。取 5~10g 粪便于杯中，加少许饱和盐水，用镊子或玻棒搅碎，再加 10~20 倍的饱和盐水混匀，粪筛或纱布过滤于杯中，静置 20min，触片镜检。

②采用麦克马斯特氏计数法定量检测。准确称取 2g 粪便，先加入 2mL 饱和盐水，搅碎，再加入 58mL 饱和盐水，充分混匀，用铜筛过滤至杯中，用吸管迅速在滤液中部吸液布于麦氏计数板中，静置 2min 后，低倍镜检，将计数板中的虫卵数全部数完，再将得数乘以 200，即为每克粪便虫卵数，列出虫体的感染强度。

③采用沉淀法检查大型吸虫卵。取 5g 粪便于杯中，加少量水，用镊子或玻棒搅碎，再加 10 倍清水，混匀，用粪筛或纱布过滤于另一杯中，静置 20min 左右，倒去上层液体，再加清水，混匀，如此反复多次，直至上层液体透明为止，然后弃去其上层液体，吸取沉淀涂片，加上盖玻片检查。

④采用贝尔曼氏法检查肺线虫幼虫。取粪便 10~15g，放在直径 10cm 漏

斗里纱布上，漏斗下端套以 10 ~ 15cm 的橡皮管，用金属夹夹住橡皮管，并放置在漏斗架上，然后加入 37 ~ 40℃ 的温水于漏斗中，直到淹没粪便为止，静置 1h 或更久，幼虫从粪便中游出，沉于管底，开动夹子放出底部的液体于载玻片上镜检。

#### 7.2.1.2 研究结果

2018 年 1 月共采集 80 份新鲜梅花鹿粪便，经漂浮法进行虫卵检查及计数，其感染率为 80%，感染强度为 298（100 ~ 1900）；2018 年 12 月共采集 64 份新鲜梅花鹿粪便，经漂浮法进行虫卵检查及计数，感染率为 25%，感染强度为 169（100 ~ 400）；采用沉淀法和贝尔曼氏法对吸虫虫卵和肺线虫幼虫进行了检查，但均未发现虫卵和幼虫。

虫卵的种属分布情况在两次粪检中基本相近，以线虫卵（36.7%）、球虫卵囊（30.5%）为主，而吸虫卵（18.5%）和绦虫卵（14.3%）较少，结果见图 7-1。

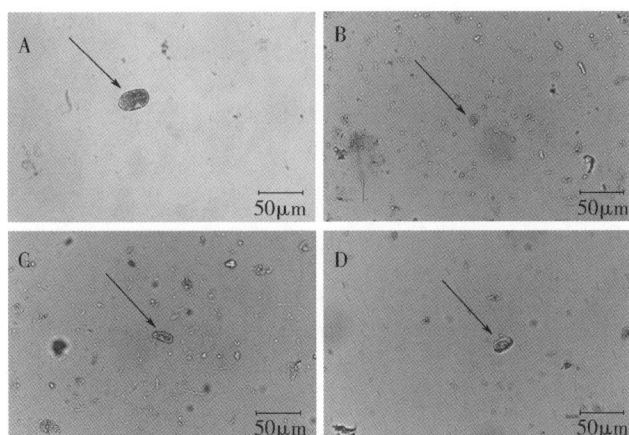

**图 7-1 梅花鹿粪便虫卵检查虫卵形态图（10×）**
A. 线虫卵；B. 球虫卵囊；C. 吸虫卵；D. 绦虫卵。

### 7.2.2 死后剖检检查

通过对一头雄性死亡个体进行解剖检查，在大肠共检出 8 条线虫，其中雌虫 4 条，雄虫 4 条，鉴定为辐射食道口线虫（*Oesophagostomum radiatum*）；肺脏内共检出 128 条线虫，其中 124 条雌虫，4 条雄虫，鉴定为鹿网尾线虫（*Dictyocaulus eckerti*）；十二指肠内共检出 5 条吸虫，鉴定为阔盘吸虫（*Eurytrema coelomaticum*）；小肠内检出 4 条绦虫，鉴定为莫尼茨绦虫（*Moniz tape-*

worm）；在肝脏、胆管内及其他脏器中未发现任何虫体。

### 7.2.2.1 材料与方法

（1）材料

死亡华南梅花鹿一头、剪刀、镊子、手术刀、搪瓷盘、75%乙醇、4mL和18mL离心管。

（2）方法

对野外死亡的华南梅花鹿进行全身性寄生虫的检测，对各个脏器进行详细检查，与粪便检测结果进行对照。

食管：沿纵轴剪开，检查黏膜表面、黏膜下和肌肉层有无虫体，尤其应注意筒线虫、皮蝇幼虫和住肉孢子虫。

胃：放在搪瓷盆内沿大弯剪开，用生理盐水冲洗胃壁上的虫体，必要时刮黏膜检查，胃内容物加生理盐水稀释，搅匀，沉淀数分钟，倒去上层液体，再加满生理盐水，搅匀沉淀，30min左右。如此反复多次，直至上层液体透明为止。最后将沉淀物分若干次倒入玻璃平皿中检查，挑出所有虫体，并分类计数。

小肠和大肠：应分别进行检查，先用生理盐水在盆内将肠管冲洗后剪开。其内容物用反复沉淀法检查，必要时须刮取肠黏膜检查。

肝：先剥离胆囊，放在平皿内单独检查，肝组织用手撕成小块，用反复沉淀法检查。沿胆管剪开，检查有无虫体。

脾：用肉眼观察，先观其表面，然后用手撕开看有无虫体。

心、肺的检查：心脏先用肉眼观察，后切成薄片检查。压片镜检心肌，检查有无住肉孢子虫。剪刀剪开喉、气管和支气管，先用肉眼观察，然后刮取黏膜检查，并将肺组织撕成小块，以反复沉淀法检查。

肌肉的检查：主要检查膈肌，先用肉眼或放大镜观察有无小白点状可疑病变，取下病变部，压片镜检，检查有无住肉孢子虫。

脑、鼻的检查：剖开鼻腔、付鼻窦、额窦、角根等检查有无鼻蝇蛆。打开颅腔，检查脑组织，检查有无脑包虫。

### 7.2.2.2 研究结果

（1）华南梅花鹿肺脏寄生虫

剖检梅花鹿的肺脏，共检出线虫128条。其中雄虫4条，雌虫124条。对雌雄虫分别进行了形态观察、测量和鉴定。雄虫体长20.13～42.48mm，体宽0.468～0.586mm。中、后2个侧肋全部合并。其末端膨大。背肋从基部即分为2大枝，每枝末端又分成3小枝。交合刺长0.214～0.270mm。深褐色，棒状，远端约 1/4 处有分枝。导刺带椭圆形。经鉴定为鹿网尾线虫，见图 7-2。

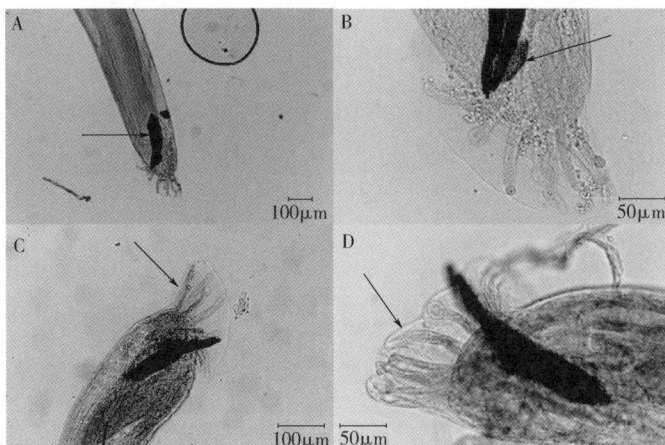

**图 7-2　肺脏中检出的鹿网尾线虫（10×、40×）所示为雄虫交合伞形态**

A. 雄虫尾端 10×（箭头所示为交合刺）；B. 雄虫尾端 40×（箭头所示为导刺带）；

C. 雄虫尾端 20×（箭头所示为交合伞及肋）；D. 雄虫尾端 40×（箭头所示为交合伞及肋）。

（2）华南梅花鹿肠道寄生虫

①十二指肠内寄生虫。将华南梅花鹿死亡个体十二指肠剪开后用生理盐水冲洗，其内容物用反复沉淀法检查，共检出吸虫 5 条。经形态观察虫体为棕红色，虫体扁平，较厚，呈长卵圆形。大小为（7～13）mm×（5～7）mm。口吸盘较腹吸盘大，卵黄腺呈颗粒状，位于虫体中部两侧，鉴定为阔盘吸虫，见图 7-3。

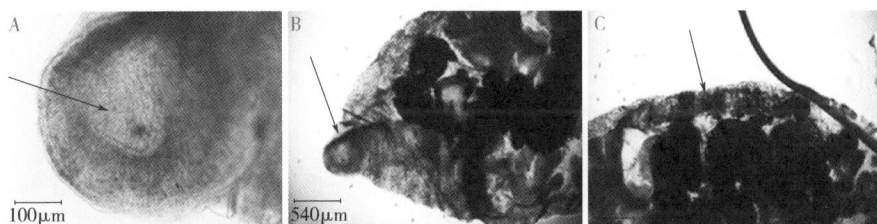

**图 7-3　肠道中检出的阔盘吸虫（10×、40×）**
**虫体口吸盘、卵黄腺形态**

A. 口吸盘 40×（箭头所示）；B. 口吸盘 10×（箭头所示）；C. 卵黄腺 10×（箭头所示）。

②小肠内寄生虫。在华南梅花鹿的小肠检出绦虫 4 条，镜下观察发现虫体头节小，近似球形，上有 4 个吸盘，无顶突和小钩。成熟节片有两组生殖器官，对称分布于节片两侧。节片后缘有节间腺，呈泡状，分布于整个节片后缘。鉴定为扩展莫尼茨绦虫。

③大肠内寄生虫。将梅花鹿的大肠剪开后用生理盐水冲洗，其内容物用反复沉淀法检查，共检出线虫 8 条。形态观察发现：虫体头囊膨大，前端弯曲，口领厚，似半截锥体。环口乳突排列如常。无外叶冠，具有多叶细小的内叶冠。口囊宽度为深度的两倍。颈沟发达而明显，环绕背面及腹面。侧翼膜发达。交合伞发达，背叶中央有一凹陷。在侧肋主干的后部有一个钝圆的突起。外背肋分枝角度较大。鉴定为辐射食道口线虫，见图7-4。

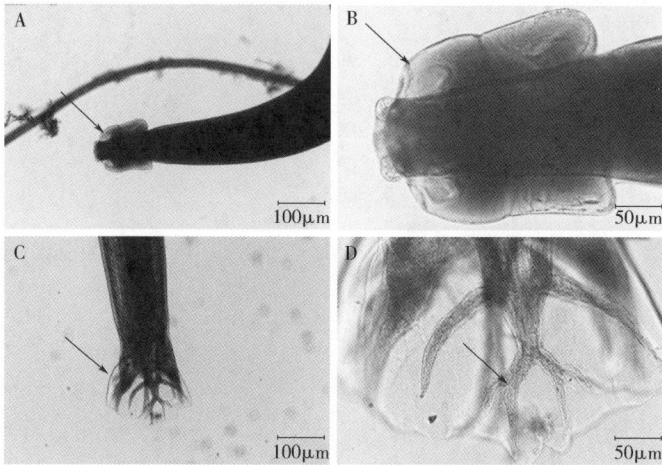

图7-4　大肠中检出的辐射食道口线虫（10×、40×）
虫体头端、雄虫交合伞形态
A. 虫体头端10×（箭头所示为头泡）；B. 虫体头端40×（箭头所示为头泡）；
C. 雄虫尾端10×（箭头所示为交合伞）；D. 雄虫尾端40×（箭头所示为交合伞背肋）。

## 7.2.3　外寄生虫检查

### 7.2.3.1　研究方法

运用样线布旗法对体外寄生虫进行调查，即将 60cm×100cm 的棉布布旗两边均用捕虫网杆（去网头）穿入，在一侧捕虫网杆两端系上绳子，人牵引布旗在草丛或林中移动，每步行 50m，检查布旗上的蜱并移入标本瓶。根据已发表文献及《医学蜱螨学》蜱类分类检索表进行蜱类标本形态学种属鉴定。再进行分子生物学鉴定，与形态学鉴定结果相比较，最终确定蜱的种类。

### 7.2.3.2　结果

（1）蜱的形态学鉴定

本次检查覆盖保护区华南梅花鹿分布面积的 1/4，检查结果能够代表保护区梅花鹿外寄生虫的种类和数量。共采集蜱虫样品 78 只，根据后期形态学观察辨别得出其中雄蜱为 13 只，雌蜱为 65 只。经形态观察，该虫肛门周围有肛沟，肛沟围绕肛门后方，假头基呈矩形，须肢宽短，第 2 节外缘显著地向外侧突出形成角突，无眼和足基节 I 后缘不分叉。口下板齿式 5/5，盾板上刻点中等大，分布均匀且较稠密，超出后缘。形态特征符合长角血蜱，因此初步定为是硬蜱科 Ixodidae 血蜱属 *Haemahpysalis* 的长角血蜱 *H. longicornis*，见图 7-5。

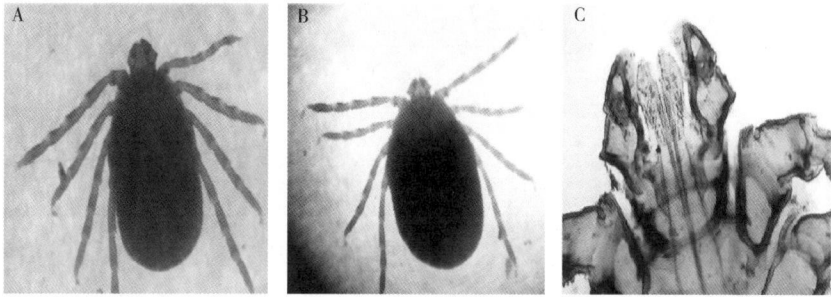

**图 7-5　梅花鹿的体外寄生虫**

A. 雌蜱；B. 雄蜱；C. 假头构造。

（2）蜱的分子生物学鉴定。

①DNA 提取。按血液/细胞/组织基因组 DNA 提取试剂盒（TIANGEN 产品 DP304）说明书的详细步骤提取随机选取的 3 只蜱的基因组 DNA。

②引物合成。根据参考文献，选取以下引物序列并合成引物。引物详细信息及 PCR 扩增条件见表 7-1、7-2：

**表 7-1　引物信息**

| 引物 | 引物序列（5′–3′） | 退火温度（℃） | 扩增片段（bp） |
|---|---|---|---|
| 16SrRNA-F | CTGCTCAATGATTTTTTAAATTGCTGTGG | 55 | 450 |
| 16SrRNA-R | CCGGTCTGAACTCAGATCAAGT | | |

**表 7-2　PCR 扩增条件**

| 温度（℃） | 时间 | 循环数（cycles） |
|---|---|---|
| 95℃ | 5min | |
| 94℃ | 40s | |
| 55℃ | 40s | 35 |
| 72℃ | 2min | |
| 72℃ | 10min | |
| 4℃ | 保存 | |

③16S rRNA 基因的克隆与测序。将 50μL PCR 产物在 1.0% 琼脂糖凝胶中电泳，切下单一目的条带，称量胶块重量，按 DNA 凝胶回收试剂盒（TIANGEN 产品 DP209）说明书进行胶回收，并将纯化后的 PCR 产物连接到 pMD19T 载体上（16℃过夜）。连接体系见表7-3。

表 7-3　凝胶回收产物连接体系

| 凝胶回收产物 | 5μL |
|---|---|
| pMD19T | 1μL |
| SolutionI | 6μL |
| ddH$_2$O | 8μL |
| 总体积 | 20μL |

将连接产物转入到 DH5α 感受态细胞中培养 12h，随后挑取培养基中的白斑，用通用引物 M13 F/R 进行扩增（引物序列见表7-4），并将检测为阳性的菌液按质粒小提试剂盒（TIANGEN 产品 DP103）的说明提取质粒，后测序。

表 7-4　引物序列

| 名称 | 引物序列（5′-3′） |
|---|---|
| M1347 | CGCCAGGGTTTTCCCAGTCACGAC |
| RVM | GAGCGGATAACAATTTCACACAGG |

④序列和数据分析。将测序获得的序列通过美国国立生物技术信息中心（NCBI）网站中 BLAST 的功能进行同源性比对，下载相关序列，利用序列比对分析软件（Clustalx1.83）对测定序列和近源序列在系统默认条件下进行完全比对，将 5′端和 3′端剪辑对齐，比较它们的相似性和差异性。

⑤PCR 结果。蜱样品的 PCR 产物经琼脂糖凝胶电泳成像系统得到一条约 450bp 的条带，与预期大小相符，表明成功扩增出目的基因。见图 7-6。

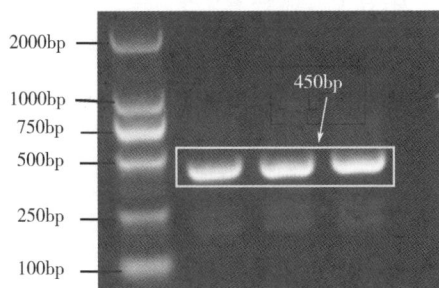

图 7-6　清凉峰保护区华南梅花鹿蜱样品 16S rRNA 基因扩增产物的琼脂糖电泳分析

⑥序列和数据分析。该检测序列与 NCBI 网站中 BLAST 同源性比对相似率为 99%，从而进一步证明该蜱为长角血蜱。对比结果见图 7-7。

**Haemaphysalis longicornis isolate YN07 16S ribosomal RNA gene, partial sequence; mitochondrial**

Sequence ID: JX051064.1　Length: **455**　Number of Matches: **1**

See 2 more title(s) ⌄

Range 1: 1 to 455 GenBank　Graphics　　　　　　　　　　　　　▼ Next Match ▲ Previous Match

| Score<br>830 bits(449) | Expect<br>0.0 | Identities<br>453/455(99%) | Gaps<br>0/455(0%) | Strand<br>Plus/Plus |
| --- | --- | --- | --- | --- |

```
Query  3    GCTCAATGATTTTTAAATTGCTGTGGTATTTTGACTATACAAAGGTATTGTAATAAGAC  62
            |||||||||| |||||||||||||| |||||||||||||||||||||||||||||||||
Sbjct  1    GCTCAATGCTTTTTAAATTGCTGTAGTATTTTGACTATACAAAGGTATTGTAATAAGAC  60

Query  63   TTTAATTGAGTGCTAAGAGAATGGattttcaaaaaattcttttttaagtttaaaaatta  122
            |||||||||||||||||||||||| ||||||||||||||||||||||||||||||||||
Sbjct  61   TTTAATTGAGTGCTAAGAGAATGGATTTTCAAAAAAATTCTTTTTTAAGTTTAAAAATTA  120

Query  123  aagttattttttatttgtgaagaaacaataataaaaattaaagACAAGAAGACCCTATGaa  182
            ||||||||||||||||||||||||||||||||||||||||||||||||||||||||||||
Sbjct  121  AAGTTATTTTTATTTGTGAAGAAACAATAATAAAAATTAAAGACAAGAAGACCCTATGAA  180

Query  183  tttttataaactttaatattttaattaaatattaaagttttatttaattGGGGCGATTGAGA  242
            |||||||||||||||||||||||||||||||||||||||||||||||||||||||||||||
Sbjct  181  TTTTTATAAACTTTAATATTTAATTAAATATTAAAGTTTATTTAATTGGGGCGATTGAGA  240

Query  243  AAGATAAAAAACtttttttttATTTAAAGAGATCCATTATTAATGATTTTATGTAAAAAA  302
            ||||||||||||          |||||||||||||||||||||||||||||||||||||
Sbjct  241  AAGATAAAAAACTTTTTTTATTTATTTAAAGAGATCCATTATTAATGATTTTATGTAAAAAA  300

Query  303  TACTCTAGGGATAACAGCGTAATAATTTTATGAGAGTCTTATAGAAAAAATAGTTTGCGA  362
            |||||||||||||| ||||||||||||||||||||||||||||||||||||||||||||
Sbjct  301  TACTCTAGGGATAACAGCGTAATAATTTTATAGATAGTCTTATAGAAAAAATAGTTTGCGA  360

Query  363  CCTCGATGTTGGATTAGGATACTTGTTTAATGAAGAGTTAAATAAAGAAGTTTGTTCAA  422
            |||||||||||||||||||||||||||||||||||||||||||||||||||||||||||
Sbjct  361  CCTCGATGTTGGATTAGGATACTTGTTTAATGAAGAGTTAAATAAAGAAGTTTGTTCAA  420

Query  423  CTTTTAAAATCCTACTTGATCTGAGTTCAGACCGG  457
            |||||||||||||||||||||||||||||||||||
Sbjct  421  CTTTTAAAATCCTACTTGATCTGAGTTCAGACCGG  455
```

图 7-7　清凉峰保护区华南梅花鹿 16S rRNA 基因序列差异的比对结果

## 7.2.4　寄生虫病防治

### 7.2.4.1　驱虫及防控

定期进行华南梅花鹿群的驱虫工作，可采用饮水投服或饲料拌服的方式。若能发现患病华南梅花鹿则及时采取行相应的治疗措施。若区域外有动物疫病的爆发或流行，则采取相应的防控措施，并尽可能控制华南梅花鹿群的活动范围。

### 7.2.4.2　管理

加强华南梅花鹿活动区域水源的管理，尽可能搞好环境卫生。同时，加强投喂饲草料的卫生管理，防止污染，冬春季对幼畜给予适当的补饲。此外，减少保护区内的人员流动，做好工作人员和进场人员的消毒工作。

# 第8章

## 浙江清凉峰华南梅花鹿栖息地适宜性评价

在越来越强烈的人类活动干扰下，地球环境发生着剧烈的改变，如气候变化、土地利用格局的改变等，使全球生物多样性锐减，已成为保护生物学的热点问题（Brooks et al.，2006）。许多物种在人类还没有认识之前就已经消失，给人类可持续发展造成了巨大的损失。现存的物种，特别是濒危野生动物，也面临着栖息地丧失、质量下降、人为干扰增加等各种环境因子的负面影响（Butchart et al.，2010）。

栖息地（habitat）一词首先由美国的 Grinnel 于 1917 年提出，通常指野生动植物的生活环境，即生物的居住场所，生物个体、种群或群落能在其中完成生命过程（Grinnell，1917）。栖息地由生物与非生物环境构成，是野生动物赖以生存的基础，动物必须从栖息地中获得必要的物质和足够的生存空间，如水、食物、隐蔽物和繁殖场所等。野生动物的种群动态与其栖息地质量的变化密切相关（Morrison et al.，2012）。栖息地在时间和空间上的变化，必将对野生动物产生重要的生态效应，即对野生动物的分布、活动规律、种群大小、种群结构和行为等产生直接或间接的影响。由于人类活动和全球变化的影响，野生动物的栖息地正面临着严峻的威胁，突出地表现为栖息地质量退化、适宜栖息地丧失和栖息地破碎化等（Fortuna et al.，2006；Elmqvist et al.，2016）。对濒危野生动物开展栖息地质量评价，阐明其栖息地质量的影响因子，是制定濒危野生动物保护和管理计划的重要基础（Hirzel et al.，2008）。

由于动物栖息的环境往往是不同的，其分布情况会因资源条件和环境状况而有所差异。所以对动物和栖息地之间关系的研究不仅要以动物本身为主体，还要考虑到环境异质性。环境异质性主要是影响动物选择栖息地的环境因子，一般可分为两类，一类是具有生存意义的基本因子，包括食物、遮蔽物等；另一类是引起动物选择栖息地的因子，主要包括地形、地貌等。影响动物选择栖息地的因素是复杂的，栖息地的生物与非生物因子之间复杂的关系、竞争、气候、遮蔽等都有可能在动物的栖息地选择上具有重要影响（Luo et al.，1998）。想要测量所有因子几乎是不可能的，关于栖息地选择的这些因子的相对重要性的测定也是非常复杂的，在大多数环境中往往是难以测定的（Ward et al.，1993）。有蹄类动物选择栖息地是由多种生态因子共同作用的结果，并不是因为单种因子的作用，但是其中可能有影响其栖息地选择的主导因子。所以在有限的研究中，有必要选择与问题有关并具有代表性的因子（O'Connell，2011）。

野生动物与环境因子的关系错综复杂，而且受时空动态的显著影响，传统的栖息地评价研究已不能满足濒危野生动物保护工作的需求。近年来随着学科的交叉和相互渗透，多元统计分析、景观生态学方法和3S技术（即遥感技术、地理信息系统、全球定位系统）逐渐应用于栖息地适宜性评价中（Dominy et al.，2001；Dong et al.，2013）。目前，多元统计已成为栖息地适宜性研究的重要方法之一。生态学家多采用多元统计分析、主成分分析、判别分析和栖息地适宜度指数模型等，来分析野生动物的栖息地适宜性（Martin et al.，2010）。景观生态学中的各种景观指数也经常运用其中，结合数学建模，得出更直观的研究结果（Li et al.，2004；Wang et al.，2014）。随着现代信息技术的发展，"3S"技术的引入为野生动物的栖息地分析与评价提供了一个便利而有效的工具，并逐渐成为野生动物栖息地研究中最强有力的现代技术（Lillesand et al.，2014；Imam，2017）。"3S"技术在获取时空数据时的优点使其在濒危野生动物栖息地评价和物种保护等方面发挥了巨大的作用，相关的研究工作取得了一系列的成果，为濒危野生动物的保护和管理提供了重要的科学依据。

清凉峰保护区是华南梅花鹿在我国分布的最东及最南端，保护区内华南梅花鹿种群数量在200~300头，呈稳定回升态势。然而，清凉峰保护区华南梅花鹿种群保护工作仍存在很多问题（程樟峰 等，2012），其中最严峻的问题之一是栖息地退化、丧失。对保护区内华南梅花鹿的栖息地进行系统、全面的研究和评价，是制定保护和管理计划的重要前提。此外，为了更好地开展试验场内种群的野外放归，也需要对拟野放区域的栖息地质量进行科学评估。因此，研究团队对清凉峰保护区内的野生华南梅花鹿种群及保护区内外的栖息地质量现状进行了研究，结合保护区内梅花鹿的种群空间分布格局调查，对各种环境因子进行量化，研究环境因子对梅花鹿栖息地利用的影响，在此基础上，对清凉峰保护区内外的华南梅花鹿栖息地质量现状进行了评估，构建了华南梅花鹿栖息地适宜性格局，以期为华南梅花鹿栖息地的管理和保护以及圈养种群的野外放归提供科学依据。

# 8.1 保护区栖息地适宜性评价

以浙江清凉峰国家级自然保护区千顷塘保护片区华南梅花鹿集中分布区为研究区，采用该片区布设的红外相机拍摄到的华南梅花鹿出现位点为依据，并选择合适的栖息地因子，利用最大熵模型（MaxEnt）对保护区内华南梅花鹿的栖息地进行评价，以期为保护华南梅花鹿现有栖息地及生态恢复提供科学理论和实践意义。

## 8.1.1 研究方法

结合前期研究经验与成果，运用红外相机数据，在获得华南梅花鹿具体分布信息的基础上，项目组选择了多种生态环境因子作为栖息地评价参数，使用 MaxEnt 软件对研究区域的栖息地适宜性进行了评价，同时对其潜在的栖息地进行了预测。

### 8.1.1.1 研究地点

浙江清凉峰国家级自然保护区千顷塘保护片区地处保护区北部，片区面积 5690hm²，是保护区内华南梅花鹿的集中分布区，本次研究对该片区华南梅花鹿栖息地选择及适宜性进行了研究和评价。

### 8.1.1.2 华南梅花鹿栖息地因子选择

地形因子数据：包括海拔、坡度和坡向，由中国科学院科学数据库 30m 分辨率的数字高程模型（DEM）计算提取得到。

植被因子数据：包括植被类型和植被指数，利用 ENVI 5.3 遥感影像处理软件，采用监督分类方法对研究区域的卫星（Landsat 8）影像进行判读，将其分为草甸、农田、竹林、针叶林、阔叶林和针阔混交林 6 类；并用该软件计算区域的归一化植被指数。

距居民点距离：包括居住点、道路和水源，从千顷塘矢量地图提取获得，用 ArcGIS 求得各因子的距离图层。

距道路距离：道路同样带来人为干扰，且可能会阻隔华南梅花鹿的迁徙路径，对华南梅花鹿的分布也有很重要的影响。

距水源距离：水是所有动物赖以生存的资源，华南梅花鹿会选择距离水源较近的地方作为栖息地。

### 8.1.1.3 华南梅花鹿栖息地适宜性模型构建

（1）模型的选择

本研究采用 MaxEnt 软件构建华南梅花鹿栖息地适宜性模型。最大熵这一概念起源于信息科学，是统计物理学中的重要研究内容，并广泛应用于生态学、地质学和金融学等。最大熵理论是一种通过研究有限的已知信息来推断未知概率分布的数学方法，对一个随机事件的概率分布进行预测时，预测应当满足全部已知的约束，而对未知的情况不要做任何主观假设。在这种情况下，概率分布最均匀，预测的风险最小，因此得到的概率分布的熵是最大。MaxEnt 模型是由 Steven. J. Phillips 等在 2004 年构建，是目前应用最广泛、效果最好的生态位模型。该模型的最新 Java 程序可以通过互联网免费获取（https：//biodiversityinformatics. amnh. org/open_source/MaxEnt/），运行前需安装 Java 程序运行环境。

MaxEnt 模型只需要动物实际出现点的数据，根据动物的实际分布数据与环境因子数据得到物种的栖息地特征，以此来研究整个研究区域的环境特征与物种分布区的相互关系，这种方法更有利于对野生动物的栖息地进行评价及预测。尽管 MaxEnt 模型只需要"出现点"数据，但其具有较高的精度，能对栖息地进行很好的评价分析，在华南梅花鹿"未出现点"数据难以获取的情况下，其结果比其他方法更加准确。

MaxEnt 模型自提出以后迅速在国内外得到广泛应用。近年来 MaxEnt 模型在生态学领域的应用迅速增长，这些研究主要集中于：①入侵物种的潜在分布区预测；②濒危物种及有经济效益物种的适生区预测；③全球气候变化对物种分布的影响及其在生物地理学中的应用。

（2）图层模式设置

在获得清凉峰保护区提供的华南梅花鹿出现点坐标后，将海拔、坡度、坡向、植被类型、归一化植被指数、距居住点距离和距道路距离 7 个环境图层在 ArcGIS 10. 4 中统一地理坐标系（WGS-84），并使图层边界统一，栅格像元大小相同（30m×30m），再转换为 MaxEnt 软件要求的 ASCII 格式。

（3）操作参数设置

在 MaxEnt 软件中设置参数，测试点设置为 25%，使得运行出来的结果有参照，以便软件做出受试者特征（ROC）曲线图。具体操作步骤如下：勾选"Create response curves"，绘制反应曲线图；勾选"Make pictures of predictions"，绘制预测分布图；勾选"Do jackknife to measure variable importance"，通过刀切法来绘制每个变量对分布的影响图；"output format"选为"logistic"；其他均使用默认参数。

（4）适宜性评价

将 MaxEnt 软件运行后得到的栖息地适宜性图按评价指数分为 4 个等级：

0 ~ 0. 25 为不适宜；0. 25 ~ 0. 5 为次适宜；0. 5 ~ 0. 75 为适宜；0. 75 ~ 1 为最
适宜。

## 8.1.2　研究结果与讨论

### 8.1.2.1　华南梅花鹿利用栖息地的具体点位

千顷塘保护片区共放置了 52 台红外相机（表 3-2），基本涵盖了保护区内
主要植被类型分布区域，具体内容见第 3 章相关介绍。放置方式采用矩阵式
的公里网格法（图 3-1）。

### 8.1.2.2　华南梅花鹿具体栖息地点位模型格式转换

获得保护区华南梅花鹿出现具体位点数据后，在 Excel 表格中录入该数
据，并保存为 MaxEnt 软件要求的 . csv 格式（表 8-1）。

**表 8-1　华南梅花鹿出现点**

| 物种名 | 经度 | 纬度 |
|---|---|---|
| 华南梅花鹿 | 119. 0616667 | 30. 30168889 |
| 华南梅花鹿 | 119. 0720056 | 30. 29973889 |
| 华南梅花鹿 | 119. 0816333 | 30. 29646944 |
| 华南梅花鹿 | 119. 0842472 | 30. 30221111 |
| 华南梅花鹿 | 119. 0827194 | 30. 31111389 |
| 华南梅花鹿 | 119. 0822944 | 30. 32150278 |
| 华南梅花鹿 | 119. 0963944 | 30. 31723056 |
| 华南梅花鹿 | 119. 1067583 | 30. 29699722 |
| 华南梅花鹿 | 119. 107975 | 30. 30478056 |
| 华南梅花鹿 | 119. 1153917 | 30. 31117500 |
| 华南梅花鹿 | 119. 1195528 | 30. 30462778 |
| 华南梅花鹿 | 119. 1173944 | 30. 29535278 |
| 华南梅花鹿 | 119. 1180694 | 30. 27088056 |
| 华南梅花鹿 | 119. 1183722 | 30. 26273333 |
| 华南梅花鹿 | 119. 1164000 | 30. 25596389 |
| 华南梅花鹿 | 119. 1298306 | 30. 26294722 |
| 华南梅花鹿 | 119. 1317583 | 30. 26778333 |
| 华南梅花鹿 | 119. 1304556 | 30. 27825000 |
| 华南梅花鹿 | 119. 1319167 | 30. 29633333 |
| 华南梅花鹿 | 119. 1317222 | 30. 30416667 |

（续）

| 物种名 | 经度 | 纬度 |
|---|---|---|
| 华南梅花鹿 | 119.1434167 | 30.29561111 |
| 华南梅花鹿 | 119.1436111 | 30.28788889 |
| 华南梅花鹿 | 119.1435111 | 30.27861389 |
| 华南梅花鹿 | 119.1435556 | 30.27137778 |
| 华南梅花鹿 | 119.1545000 | 30.28708333 |
| 华南梅花鹿 | 119.1559444 | 30.29775000 |
| 华南梅花鹿 | 119.1634444 | 30.29825000 |
| 华南梅花鹿 | 119.1827278 | 30.27980000 |
| 华南梅花鹿 | 119.1816972 | 30.28823056 |
| 华南梅花鹿 | 119.1798556 | 30.29356667 |
| 华南梅花鹿 | 119.2121111 | 30.28844444 |
| 华南梅花鹿 | 119.2071139 | 30.29575000 |
| 华南梅花鹿 | 119.1159611 | 30.28054722 |
| 华南梅花鹿 | 119.1183389 | 30.26726389 |
| 华南梅花鹿 | 119.1168278 | 30.27241667 |
| 华南梅花鹿 | 119.1157361 | 30.27775278 |

### 8.1.2.3　华南梅花鹿栖息地因子选择

（1）海拔

华南梅花鹿在千顷塘保护片区内基本分布在海拔为 800~1400m。获得的千顷塘保护片区数据显示，该地区海拔范围在 527~1429m（图8-1）。

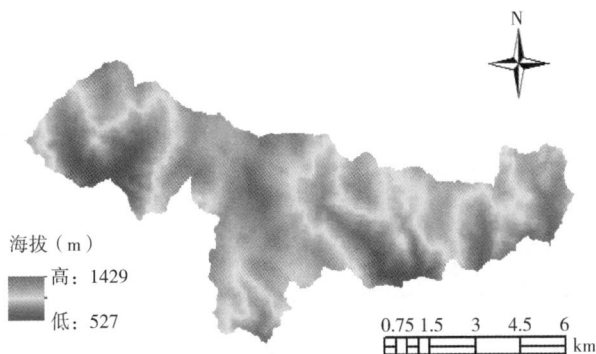

图8-1　千顷塘保护片区海拔梯度（彩图16）

（2）坡度

华南梅花鹿一般选择在坡度较为平缓的地方活动，获得千顷塘保护片区数据显示，该地区坡度范围在 0°~51°（图8-2）。

图 8-2　千顷塘保护片区坡度变化（彩图 17）

（3）坡向

坡向主要受温度的影响，在温度较高的夏季，华南梅花鹿会选择在背阳的地方活动，而在温度较低的秋冬季节，华南梅花鹿则会选择在向阳处出没（图 8-3）。

图 8-3　千顷塘保护片区坡向（彩图 18）

（4）植被因子数据

华南梅花鹿更倾向于选择在灌丛或者草甸中活动，因为既能满足其食物需求，也是良好的隐蔽场所（图 8-4）。

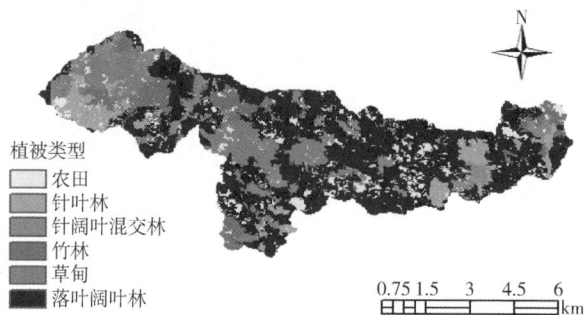

图 8-4　千顷塘保护片区植被类型（彩图 19）

（5）归一化植被指数

食物是华南梅花鹿维持自身生存最主要的资源，归一化植被指数主要是反映当地的食物丰富度（图 8-5）。

图 8-5　千顷塘保护片区归一化植被指数（彩图 20）

（6）距居民点距离

居住点距离主要是用以表示人为干扰对华南梅花鹿分布的影响，华南梅花鹿生性胆小，人为干扰对其分布影响较大（图 8-6）。

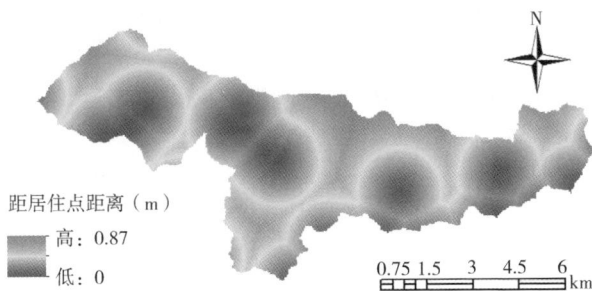

图 8-6　千顷塘保护片区距居民点距离梯度（彩图 21）

（7）距道路距离

道路同样带来人为干扰，且可能会阻隔华南梅花鹿的迁徙路径，对华南梅花鹿的分布也有很重要的影响（图 8-7）。

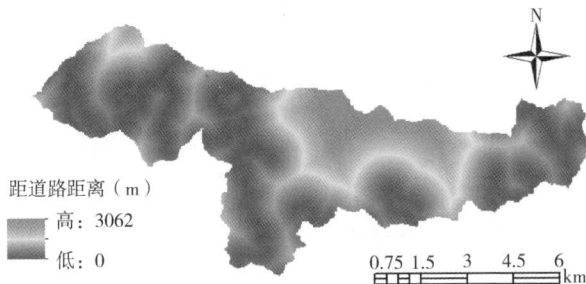

图 8-7　千顷塘保护片区距道路距离（彩图 22）

（8）距水源距离

水是所有动物赖以生存的资源，华南梅花鹿会选择距离水源较近的地方作为栖息地（图8-8）。

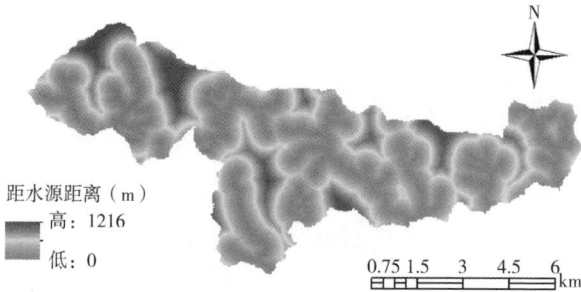

图8-8　千顷塘保护片区距水源距离（彩图23）

#### 8.1.2.4　华南梅花鹿栖息地适宜性分析

将所有环境变量的图层统一边界，坐标系统统一为 WGS-84，并在 ArcGIS 软件里转换为 MaxEnt 软件要求的 ASCII 格式，作为软件运行需要的环境层。

运行软件后，图8-9显示了 MaxEnt 软件测试和训练的遗漏和预测区域是如何随着累积阈值的选择而变化的。从图上可以看出，实际忽略率曲线比较贴近期望忽略率，进一步表明该模型的评价结果较为准确。

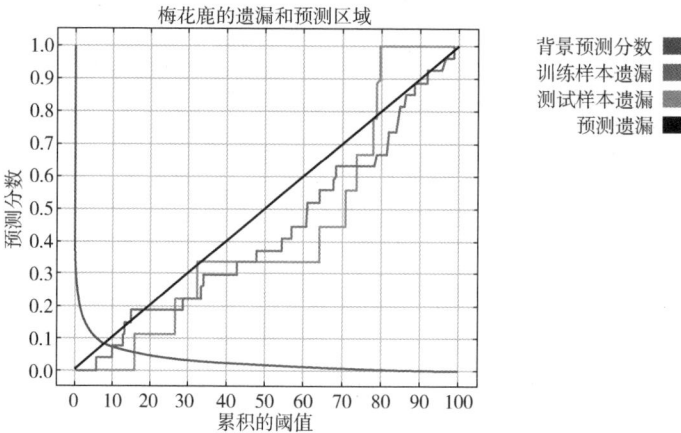

图8-9　忽略率曲线（彩图24）

MaxEnt 模型默认的输出格式为逻辑（logistic）。运行后得出千顷塘保护片区华南梅花鹿栖息地适宜性（最适宜、适宜、次适宜和不适宜共四级）面积（表8-5）及其评价曲线（图8-10）。结果显示，千顷塘保护片区华南梅花鹿最适宜栖息地主要分布在千顷塘中部，其他部分有少量片段化分布；适宜栖息地集中分布在中部，少量分布在东部和西部。最适宜和适宜栖息地面积占该片区总面积的 35.98%，次适宜面积占 28.51%，不适宜面积占 35.51%，最适宜和适宜栖息地面积与不适宜面积几乎等同。

表 8-5　清凉峰保护区及周边片区华南梅花鹿各类栖息地面积 单位：hm²

| 地点 | 最适宜 | 适宜 | 次适宜 | 不适宜 | 总面积 |
|---|---|---|---|---|---|
| 千顷塘 | 529 | 1518 | 1622 | 2021 | 5690 |

MaxEnt 模型运行出来的最适宜和适宜栖息地所对应的各因子的范围为：海拔范围在 993～1429m，平均值为 1211m，高海拔地区；坡度范围在 0°～22°，平均值为 11°，较为平缓；坡向范围在 0°～192°，平均值为 96°，即向阳坡；植被类型主要是灌草丛；植被指数范围在 0.49～0.87，平均值为 0.68，食物丰富度高；距居住点距离范围在 1360～3008m，平均值为 2184m，距居住点较远；距道路距离范围在 1126～3062m，平均值为 2094m，距道路较远。

而华南梅花鹿出现点各因子的范围为：海拔范围在 672～1268m，平均海拔 1060m；坡度范围在 1°～36°，平均值为 24°；坡向范围在 3°～311°，平均值为 159°；植被类型主要是灌草丛；归一化植被指数范围在 0.35～0.81，平均值为 0.68；距居住点距离范围在 52～2272m，平均值为 1520m；距道路距离范围在 0～2250m，平均值为 1324m。

MaxEnt 模型运行出来的结果和华南梅花鹿实际出现点的对比表明，华南梅花鹿适宜栖息地的环境特征为：海拔较高（1060～1176m）、坡度较缓（11.5°～24°）、坡向为 90°～159°的向阳坡和半阴半阳坡、植被类型为灌草丛和针叶林、归一化植被指数范围为 0.68～0.74、距居住点距离为 1520～3132.5m；距道路距离为 1267～1324m。

MaxEnt 软件自带检验功能，可以自动生成 ROC 曲线对模型的模拟预测进行自检验（图 8-10）。

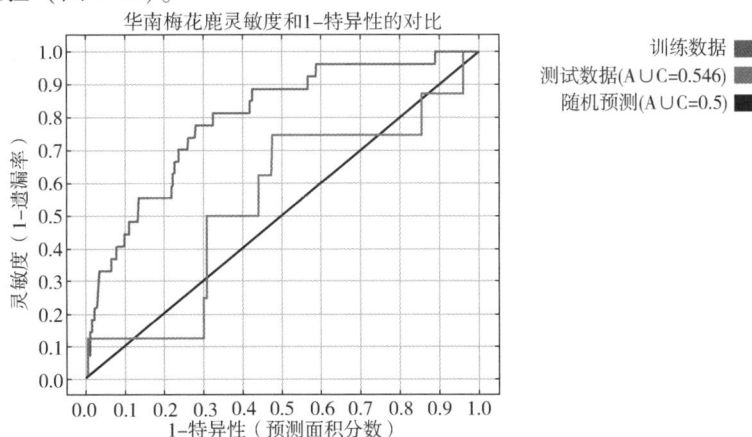

图 8-10　千顷塘保护片区栖息地评价 ROC 曲线（彩图 25）

经自检验发现，ROC 曲线评价结果为：训练数据的 AUC 值为 0.980，测试数据的 AUC 值为 0.984，均达到优秀水平。说明利用 MaxEnt 模型对研究区域内华南梅花鹿栖息地适宜性的评价结果较为准确。

清凉峰保护区千顷塘保护片区华南梅花鹿栖息地适宜性评价最终结果见图 8-11。

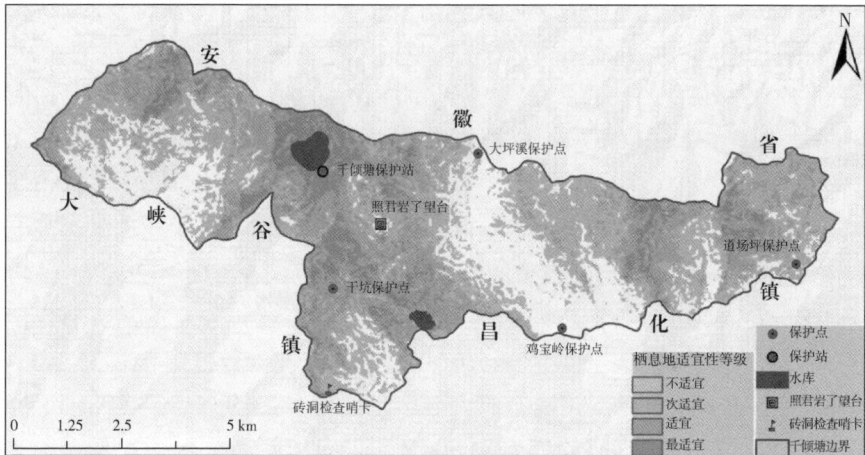

图 8-11　清凉峰保护区千顷塘保护片区华南梅花鹿栖息地适宜性评价（彩图 26）

### 8.1.2.5　讨论及建议

（1）保护区华南梅花鹿栖息地改造的必要性

在自然保护区建立前，清凉峰地区的梅花鹿面临的主要威胁是猎杀。1985年建立保护区及 1998 年晋升为国家级自然保护区后，保护区管理局在保护宣传、野外巡查、禁伐禁猎、禁放牧、禁烧炭等方面取得了良好成效，华南梅花鹿种群及栖息地得到较好保护。然而，长期的保护工作也使得区内部分植被类型发生了明显变化，原本适宜华南梅花鹿栖息的低矮灌木林长高、增密，自然演替为小乔木林，草甸及灌草丛面积缩小；此外，中幼龄人工针叶树成长为成熟的高大乔木，乔木成林面积增加，林内草丛少，不利于梅花鹿的觅食和活动，也导致了梅花鹿的适宜栖息地逐渐减少，这是该区梅花鹿种群生存面临的第 2个威胁因子。最后，随着社会经济的发展，生态旅游和户外活动逐渐发展起来，清凉峰游客的活动范围甚至遍及该保护区核心区等梅花鹿活动频繁的区域，不断增加的人类干扰是该区梅花鹿种群生存面临的第 3 个威胁因子。

根据千顷塘保护片区华南梅花鹿栖息地适宜性评价结果，千顷塘保护片区最适宜栖息地和适宜栖息地的面积占千顷塘保护片区总面积的 35.98%，与不适宜栖息地面积相当（35.51%），说明保护区单纯的严格管理及实施的各种保护措施在保护区发展前期取得了较好效果，但随着保护区内植被的演替，保护区对植被的严管和保护反而在一定程度上成为华南梅花鹿种群栖息和增长的限制因子。因此，可以在千顷塘保护片区选择不适宜或次适宜的梅花鹿栖息地进行栖息地恢复，使得植被向有利于梅花鹿栖息的方向演替，以达到梅花鹿种群增长的目的。

（2）保护区华南梅花鹿栖息地改造的主要对象

研究结果显示华南梅花鹿最适宜和适宜栖息地位于高海拔、坡度平缓的向阳坡、灌草丛、食物丰富度高且距居住点和道路较远的地方。其中，海拔、坡度、坡向属于地形因子，与距居住点距离和距道路距离一样，改造难度大；唯有植被因子（植被类型、归一化植被指数）是相对可以进行人工干预的。

保护区内不适宜栖息地在植被类型上主要体现为乔木林植被类型。其一是对于华南梅花鹿来说，乔木林林木密度过高将不利于鹿的活动。根据红外相机调查结果及日常巡护观察，红外相机照片显示梅花鹿多呈现行走、采食行为，可见行走、采食和卧息是梅花鹿的基本行为，这些行为需要稀疏的森林环境。其二是乔木林林下草本层及灌木层发育不发达，食物资源相对匮乏。监测照片显示华南梅花鹿在乔木林间大都是处于行走状态，很少观察到在林间觅食或较长时间驻足，说明乔木林内缺少华南梅花鹿觅食资源，梅花鹿需要花费大量时间进行觅食活动。梅花鹿是"精饲者"草食动物，常年以各种植物的嫩叶嫩茎作为食物；采食的植物种类随季节变化而改变，春夏季节以草本植物嫩芽为主，秋冬季则以植物的果实、种子、浆果及各种苔藓地衣植物来充当食物。草本—灌丛和草甸—沼泽植被类型可以为华南梅花鹿提供丰富和有营养的食物，冬季到来时一年生草本植物相继枯死，华南梅花鹿会更多地食用残留的果实、枯草等来度过冬季。可见林内觅食活动，需要林下食物丰富的森林环境。其三是乔木林树种组成问题。红外相机监测结果显示，在乔木植被类型中，以落叶阔叶林和针叶林的拍摄率为相对较高，华南梅花鹿在落叶阔叶林和针叶林之中有着相对较高的活跃度。因此，其他类型的乔木林是进行栖息地恢复的主要目标。

# 8.2　保护区周边区域华南梅花鹿栖息地适宜性评价

以浙江清凉峰国家级自然保护区千顷塘保护片区为中心的 50km × 50km 范围为研究区域，采用 8.1 中构建的华南梅花鹿栖息地适宜性模型对保护区周边区域华南梅花鹿的栖息地进行评价，以期为保护华南梅花鹿现有野外放归栖息地适宜性提供科学理论和实践意义。

## 8.2.1 研究区概况

研究区域东南部属浙江省地域，范围涉及清凉峰镇、龙岗镇、太阳镇和於潜镇，东面与浙江天目山国家级自然保护区接壤，西北部属于安徽省，其西面与安徽省绩溪、歙县二县相邻，北面与安徽省宁国市毗邻。地理坐标为118°51′~119°22E′，30°04′~30°31′N（图8-12）。华南梅花鹿拟野放点位于千顷塘的西南部。

图 8-12　研究区域（彩图27）

## 8.2.2 研究方法

在完成8.1保护区栖息地适宜性评价的基础上，选择研究区内以下可能影响华南梅花鹿栖息地选择的环境因子：海拔、坡度、坡向、植被类型、归一化植被指数、距居住点距离、距道路距离作为环境变量，并将其图层统一边界、统一地理坐标系（WGS-84），转换为 MaxEnt 软件运行所需格式。本研究依据8.1中利用保护区内华南梅花鹿出现点坐标及对应环境因子所建立的栖息地适宜性模型，使用 MaxEnt 软件对研究区的栖息地适宜性进行评价。

## 8.2.3　结果与分析

### 8.2.3.1　环境因子

（1）地形因子

研究区范围内的海拔、坡度、坡向见图 8-13 ~ 8-15。华南梅花鹿基本分布在海拔为 800 ~ 1400m，一般选择在坡度较为平缓的地方活动。在温度较高的夏季，华南梅花鹿更倾向于选择在背阳的地方活动，而在温度较低的秋冬季节，则会经常在向阳处出没。

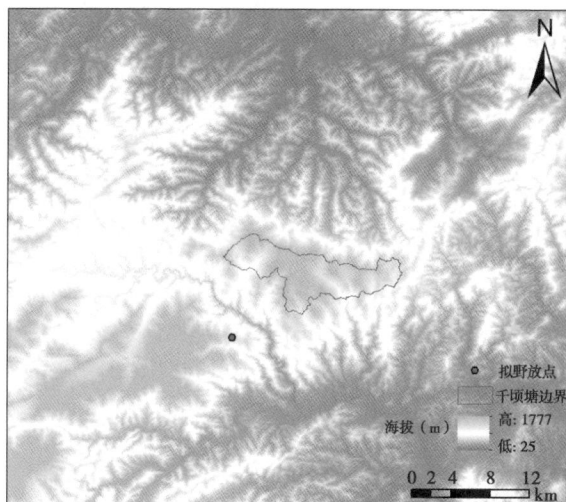

图 8-13　研究区域的海拔（彩图 28）

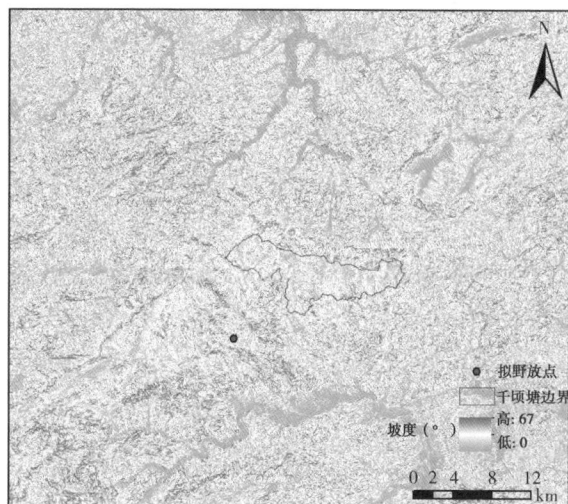

图 8-14　研究区域的坡度（彩图 29）

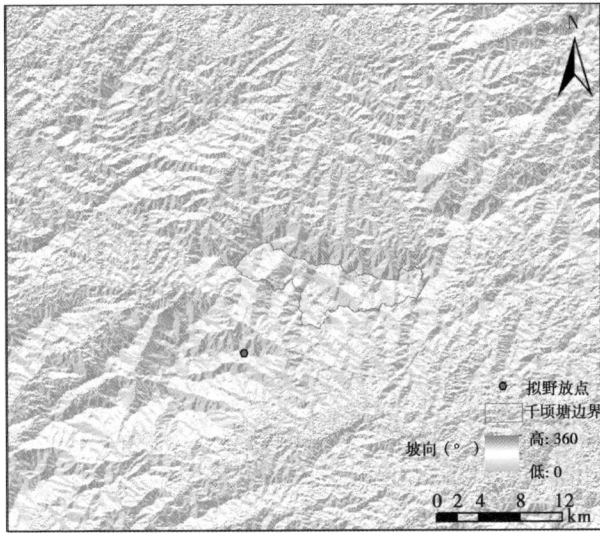

图 8-15　研究区域的坡向（彩图 30）

（2）植被因子

研究区域内的植被类型分布见图 8-16。华南梅花鹿更倾向于选择在灌丛或灌草丛中活动，既能满足其食物需求，也是良好的隐蔽场所。食物是一切动物维持自身生存最主要的资源，归一化植被指数可以反映植物性食物的丰富度（图 8-17）。

图 8-16　研究区域的植被类型（彩图 31）

图 8-17　研究区域的归一化植被指数（彩图 32）

（3）其他因子

居住点的人为活动频繁，对华南梅花鹿影响较大，距居民点的远近可以表明人为干扰的强度（图 8-18）。道路同样带来人为干扰，且可能会阻碍华南梅花鹿的运动路径，对华南梅花鹿的分布同样具有很重要的影响（图 8-19）。

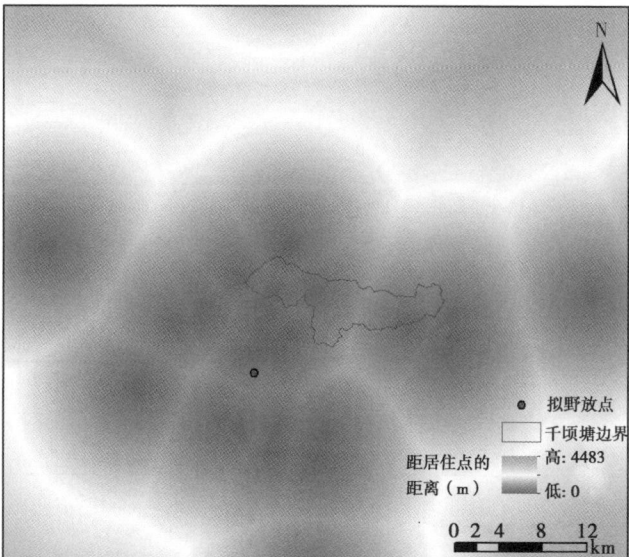

图 8-18　研究区域距居住点的距离（彩图 33）

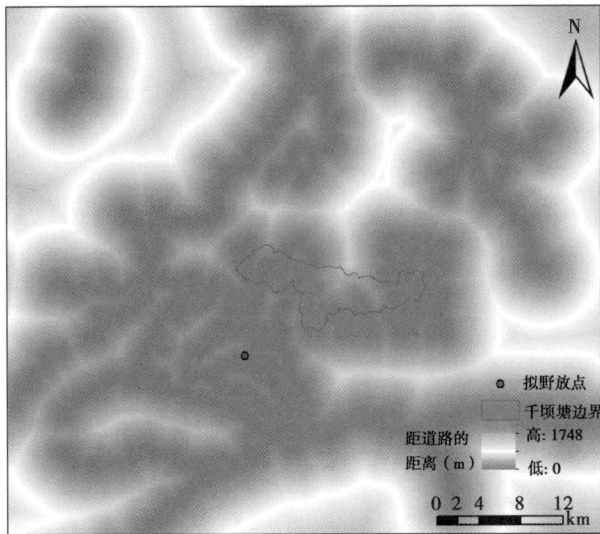

图 8-19　研究区域距道路距离（彩图 34）

#### 8.2.3.2　研究区域华南梅花鹿的栖息地适宜性

将 MaxEnt 软件运行后得到的研究区域栖息地适宜性，按评价指数可分为 4 个等级，0～0.25 为不适宜；0.25～0.5 为次适宜；0.5～0.75 为适宜；0.75～1 为最适宜。具体分布情况见图 8-20。

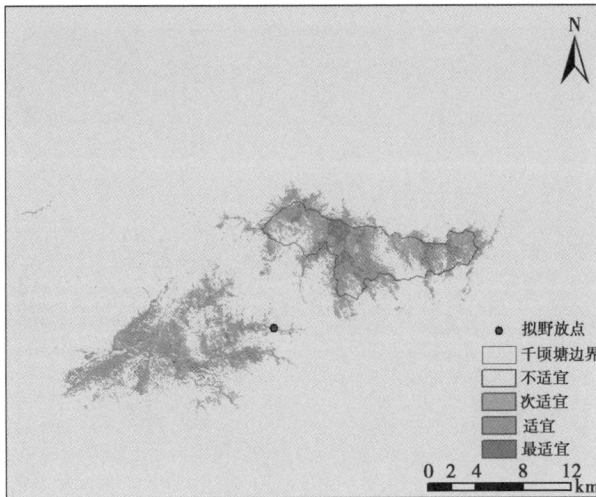

图 8-20　研究区域华南梅花鹿栖息地适宜性评价（彩图 35）

分析显示研究区域内最适宜栖息地和适宜栖息地基本分布在千顷塘和毛山林场区域，最适宜栖息地面积为 710hm²，适宜栖息地面积为 3846hm²，二者之和占总研究区域面积的 1.82%；次适宜栖息地面积为 6921hm²，占 2.77%（表 8-6）。

表 8-6　研究区域华南梅花鹿各类栖息地面积　　　　　单位：hm²

| 地点 | 最适宜 | 适宜 | 次适宜 | 不适宜 | 总面积 |
|---|---|---|---|---|---|
| 千顷塘 | 529 | 1518 | 1622 | 2021 | 5690 |
| 毛山林场及周边区域 | 81 | 917 | 1902 | 7161 | 10 061 |
| 整个分析区域 | 710 | 3846 | 6921 | 238 523 | 250 000 |

研究区域内最适宜和适宜栖息地所对应的各因子的范围为：海拔 575 ~ 1777m，平均值为 1176m，位于高海拔地区；坡度 0° ~ 23°，平均值为 11.5°，位于较为平缓地带；坡向 0° ~ 180°，平均值为 90°，即向阳坡；植被类型主要是灌草丛和针叶林；归一化植被指数范围在 0.48 ~ 1，平均值为 0.74，表明食物丰富度较高；距居住点距离范围在 1782 ~ 4483m，平均值为 3132.5m，距居住点较远；距道路距离范围在 786 ~ 1748m，平均值为 1267m，距道路较远。

结合 8.1 中得出的华南梅花鹿出现点各因子的范围，运用 MaxEnt 软件自带的检验功能，可以自动生成 ROC 曲线对模型模拟预测的准确性进行自检验（图 8-21）。

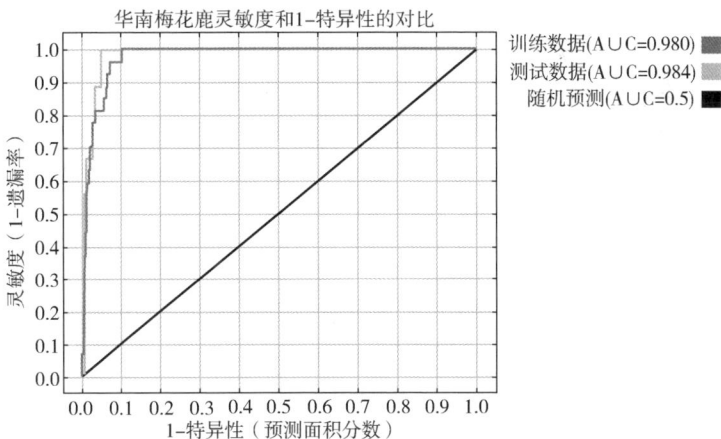

图 8-21　研究区域栖息地评价 ROC 曲线（彩图 36）

经自检验，ROC 曲线评价结果为：训练数据的 AUC 值为 0.980，测试数据的 AUC 值为 0.984，均达到优秀水平。说明利用 MaxEnt 模型对研究区域内华南梅花鹿栖息地适宜性的评价结果较为准确。

图 8-22 显示了 MaxEnt 软件测试和训练的遗漏和预测区域是如何随着累积

阈值的选择而变化的。从图上可以看出，实际忽略率曲线比较贴近期望忽略率，进一步表明该模型的评价结果较为准确。

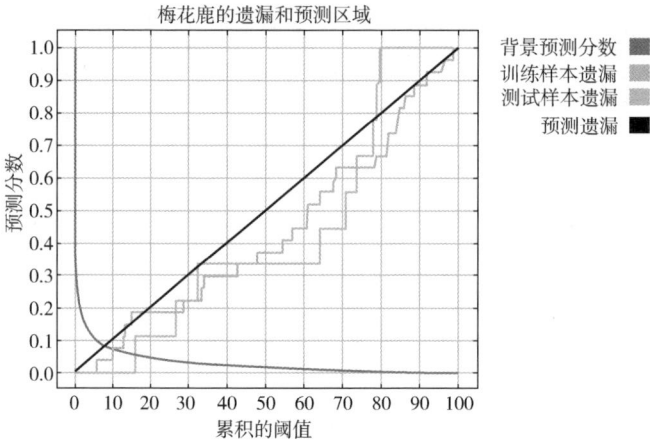

图 8-22　忽略率曲线（彩图 37）

### 8.2.3.3　毛山林场区域华南梅花鹿栖息地适宜性

毛山林场区域具有独特的地理位置。该区域隶属于浙江清凉峰国家级自然保护区管理局下属昌化林场管理。毛山林场区域的华南梅花鹿最适宜栖息地基本分布在该区域的西部（图 8-23），面积为 81hm²；适宜栖息地主要分布在中部，面积为 917hm²。最适宜和适宜栖息地总面积占该区域面积的9.92%。次适宜面积为 1902hm²，占 18.9%（表 8-6）。

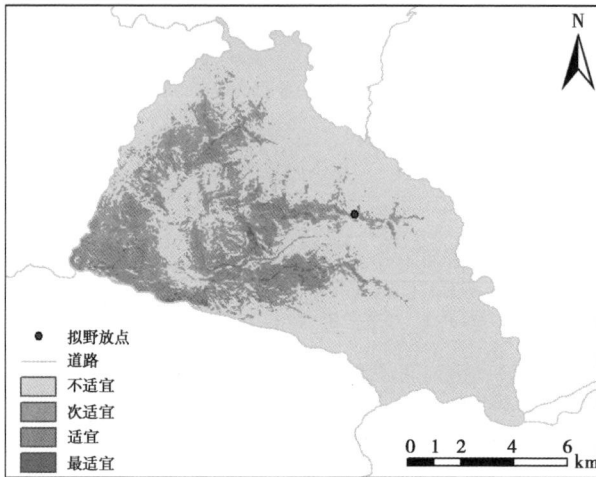

图 8-23　毛山林场区域华南梅花鹿栖息地适宜性评价（彩图 38）

毛山林场区域最适宜和适宜栖息地所对应的各因子的范围为：海拔范围

在 787 ~ 1592m，平均值为 1189.5m，位于高海拔地区；坡度范围在 0° ~ 25°，平均值为 12.5°，位于较为平缓地带；坡向范围在 0° ~ 169°，平均值为 84.5°，即向阳坡；植被类型主要是灌草丛和针叶林；归一化植被指数范围在 0.48 ~ 0.86，平均值为 0.67，食物丰富度高；距居住点距离范围在 2321 ~ 4892m，平均值为 3606.5m，距居住点较远；距道路距离范围在 398 ~ 1690m，平均值为 1044m，距道路较远。

## 8.2.4　讨论与建议

MaxEnt 模型分析结果表明，环境因子中对华南梅花鹿栖息地选择贡献率最高的是海拔和坡度，华南梅花鹿倾向于选择海拔 1050 ~ 1240m 的平缓地带，这与前人的研究结果基本相符。人为干扰对华南梅花鹿栖息地选择的贡献率较低，距道路和人口聚居区距离的贡献率分别为 5.7% 和 3.2%。距人口聚居区越远，人类活动对华南梅花鹿的影响越小，华南梅花鹿的适宜栖息地多位于距人口聚居区 3200 ~ 3800m。尽管道路交通可能对华南梅花鹿产生干扰，但道路两侧一定范围内（100 ~ 900m）的林地较为开阔，为华南梅花鹿提供了较为适宜的栖息地。

模型结果表明，华南梅花鹿的适宜栖息地主要分布于千顷塘及其西南部约 10km 的山区。千顷塘隶属于清凉峰保护区，主要保护对象是华南梅花鹿。自保护区成立以来，采取了一系列的保护措施，有效地保护了华南梅花鹿的野生种群及其栖息地西南山区海拔较高，植被保存较好，也可能为华南梅花鹿提供较大面积的潜在适宜栖息地。如有野外放归需要，可优先考虑此区域作为野外放归地。

基于以上研究结果，研究者建议，首先加强清凉峰保护区千顷塘保护片区的规划和管理，降低该区域内人为干扰，适当采取栖息地改良措施，使保护区华南梅花鹿种群得到更好的保护。其次，在千顷塘西南部山区开展全面深入的栖息地评价，为野外放归提供科学依据。此外，改善千顷塘区域与西南部山区的景观连接度，为华南梅花鹿野生种群的自然扩散提供可能。

# 第9章

## 华南梅花鹿保护遗传学研究

　　野生动物资源保护研究的一个重要内容是了解物种群体的遗传多样性信息，有助于洞察该群体遗传基因传递和变异情况，为预测该群体长期生存的机会大小、进行品种系统分类及遗传进化提供重要资料，并可探讨群体濒危的现状与原因，从而采取科学有效的措施保护该物种的遗传资源。本研究在介绍微卫星标记在野生动物遗传多样性研究及应用的基础上，开展华南梅花鹿遗传多样性相关研究，以期为华南梅花鹿保护提供依据。

## 9.1　微卫星标记在野生动物保护与评价中的应用

　　随着生物遗传多样性检测技术的发展，遗传多样性评价在野生物种资源研究中得到广泛应用。微卫星标记（Microsatellite）又称短串联重复序列（short tandem repeats，STR）是遗传多样性评价的主要方法之一，广泛应用于野生动物的保护遗传学、亲缘关系鉴定、遗传瓶颈效应评价以及近交系数评测等方面。本文在介绍微卫星标记法相关研究的基础上，系统阐述该方法对华南梅花鹿保护遗传学研究的适用性，以期为华南梅花鹿遗传多样性研究提供参考。

### 9.1.1　鹿科动物保护遗传学研究

　　微卫星标记是近年发展起来的一种相对成熟的 DNA 分子标记，其通常是由 2~6bp 的核心序列串联重复而成，广泛存在于基因组编码区和非编码区，具有高度遗传多态性，并且具有呈显性遗传、遵循孟德尔遗传规律、易于检测和所受进化选择压力小等优点，在遗传多态性分析、亲缘关系鉴定、基因连锁图谱构建、估测品种间遗传距离和杂交优势预测、聚类关系分析、性状连锁分析等研究中显示出巨大优势，被认为是各类遗传标记中最有价值的一种。鉴于微卫星标记在多种家畜及野生动物亲子鉴定中的应用以及其高效的鉴定力，其在动物的亲子鉴定和个体识别研究中极具潜力，也被广泛应用于观赏动物和养殖家畜的研究。

鹿科动物作为野生和驯化种类在世界分布很广，由于其具有较高的经济价值，在多国开始了人工饲养。但另一方面，由于鹿科动物的种类多样，驯化较晚，繁殖系谱记录不详甚至缺乏系谱记录，还有在交配中存在近亲繁殖等现象，鹿的亲缘关系和遗传系数分析是鹿科动物遗传资源调查、种质资源多样性保护以及进行种群扩大繁衍的基本需要。

苏杰等（2013）为对体细胞克隆马鹿进行遗传鉴定，选用 8 对在牛中具有多态性的微卫星位点，分别对体细胞克隆清原马鹿、清原马鹿供体细胞、受体清原马鹿进行微卫星分析，发现 HUJ1177、BM888、BM757、IDV-GA37、OarFCB304、RM12 等 6 个微卫星位点的多态性，且可用于克隆清原马鹿的鉴定。余建秋（2010）等对国家一级保护野生动物豚鹿进行亲子鉴定并对饲养保护群体建立遗传谱系，利用 7 个微卫星标记对成都动物园 27 只豚鹿个体进行了基因分型，在母本已知情况下成功鉴定了 13 对父子关系，其中排除法鉴定 8 对，似然法鉴定 5 对，且置信度达 95%，成为我国豚鹿拯救工程中的一个重要环节。尹君（2007）等从加拿大马鹿和黑尾鹿的微卫星标记中筛选出 8 对引物，对我国东北马鹿进行亲子鉴定和识别研究，使得个体识别率达到 0.9999，在鉴定中大大提高了效率。另外，微卫星标记在塔里木野生马鹿、新疆天山马鹿和人工圈养的豚鹿等多种鹿科动物的多样性研究和保护中得到应用。东北农业大学刘培源、白秀娟（2005）利用微卫星标记对我国东北地区的梅花鹿进行了亲子鉴定研究，从 7 个白尾鹿和 13 个赤鹿的微卫星位点中筛选出 5 个多态性位点，成功对饲养的 61 只梅花鹿进行了系谱记录核对和纠正。

就不同梅花鹿亚种之间的亲缘关系，吴华（2006）等选择线粒体 DNA 为分子标记，对东北梅花鹿、四川梅花鹿和浙江及江西梅花鹿进行了亲缘分析，证明了浙江梅花鹿是一个相对较为独立的群体，与其他种群关系较远，且无基因交流。日本麻布大学研究人员对岛屿上梅花鹿的研究表明，即使在没有基因交流的情况下，小群体仍然保持了较高的基因多态性。

## 9.1.2  亲缘关系研究

亲权鉴定（identification in disputed paternity）是近代法医学术语，原是指用医学等学科的理论和技术来判断有争议的父母与子女间（特别是父子间）是否存在着亲生血缘关系。如今亲权鉴定概念已大为扩展，无论是其内涵还是外延，均有很大进展。根据孟德尔定律，高等动物的精子或卵细胞减数分裂使染色体为成熟个体的体细胞的一半，称为单倍体。异体受精动物的配子都只带有亲代（父亲或母亲）一半的遗传因子，受精形成合子并经胚胎发育成子代，才成为二倍体个体。遗传因子一半来自亲生母亲，另一半来自亲生父亲，因此根据子代全部染色体上的遗传因子，可以鉴定亲权关系。

分子生物学理论的崛起及技术的发展，使亲权鉴定状况发生了根本改观，"滴血认亲"成为过去的历史。首先是直接对遗传物质本身即 DNA 进行检测分型，这就避免了性状如血型等在形成的过程中所受到的种种影响，增加了检验的准确性；其次，已发现了众多可供用于亲权鉴定的 DNA 片段。在动物学研究中，亲权鉴定也逐渐被人们重视。最初用血液、皮肤为材料，分析 29 种同工酶的迁移距离等方法，鉴定了二雄配一雌所生子的亲权关系，但方法烦琐，材料受限。冯文和等（1996）首次应用 DNA 指纹技术进行大熊猫亲权鉴定，取得了良好的效果。此方法准确、灵敏、稳定、重复性好，具有很高的个体鉴别能力。随后，方盛国课题组发表一系列相关论文，逐步建立、发展了大熊猫的 DNA 指纹技术，并在分子探针的研制及材料来源的拓展方面取得重大进展。

根据孟德尔遗传定律，确定亲权关系的基本原理是：①在肯定子代的某个遗传因子是来自生母（父）、而嫌疑父（母）亲并不带有这个遗传因子时，就表示两者的遗传因子违背了孟德尔遗传规律，有可能排除该嫌疑父（母）亲是子代的亲生父（母）亲。②在肯定子代的某个遗传因子是来自生母（父），而嫌疑父（母）亲也带有这个遗传因子时，就表示两者的遗传因子符合孟德尔遗传规律，不能排除该嫌疑父（母）亲是子代的亲生父（母）亲的可能，需要增加鉴定的遗传因子。

随着分子生物学技术的发展，PCR-STR 分型技术被广泛应用于亲权鉴定，人类的亲子鉴定也是使用 13 个 STR 标记进行鉴定，如今已有商业化的试剂盒对此鉴定体系进行了完美优化，使得鉴定过程更加方便快捷。张亚平等（1995）通过特异引物以 PCR 技术扩增大熊猫的微卫星 DNA，发现供试的 13 只大熊猫中，扩增的 10 个座位中有 9 个具有多态性，已知谱系显示，这些微卫星 DNA 座位是按孟德尔方式遗传的。Glowatzki-Mullis 等（1995）用 6 个位于不同染色体上的多态 STR 位点，解决了用血型无法解决的 35 头牛的血缘关系问题；Heyen 等（1997）使用 17 条染色体上的 22 个 STR 位点对 5 个品种牛进行血缘关系分析，在被怀疑的个体基因型未知和已知时的排除概率分别大于 0.9986 和 0.99999。猪 DNA 分析中也已有应用 STR 进行猪个体识别与亲权鉴定的案例，Yue（1999）报道了用 8 个 PCR 复合体系扩增分布在 4 条染色体上的 29 个二聚、三聚核苷酸 STR 基因座。关于狗的 STR 基因座，已有大量文献报道，有数百个 STR 基因座被开发、研究，它们大多为 TA 核苷酸重复单位，具有较高的非父排除率；Koshinen（1999）报道了用 3 个复合体系分析 10 个 STR 基因座；Francisco（1996）用分子克隆方法，从基因库中筛选出 50 个四核苷酸重复 STR 基因座，选用合适的 STR 基因座，可以进行与人一样的个体识别与亲权鉴定；Fredholm 等（1996）用 6 ~ 9 个分属不同染色体的 STR 位点鉴定了 15 窝来源于 12 个品种狗的血缘，此外还利用 STR 位点对一个有争议的母亲进行了确认（概率 99.99%）。15 个 STR 位点被用于马的个体识别和亲权鉴定，它们分为 3 个复合体系进行分析。Alderson 等（1999）用微卫星 DNA 标记对褐头牛鹏鸟进行亲缘鉴定，为全然不知遗传关系的 43 只幼鸟成功地确定了其父母，并且鉴别了 4 对同胞兄弟。

由此可见，微卫星分析相较传统的血型、DNA 指纹及图谱等分析方法进行亲权鉴定与血缘控制，有更大的应用潜力。STR 位点进行亲权鉴定发展很快，这主要得益于人类基因组计划的迅速发展所产生的技术在动物方面的渗透，同时也因为在一些种属相近的家畜中微卫星 DNA 存在着相似性。

在亲缘关系以及物种鉴定、个体鉴定技术发展过程中，DNA 条形码技术是目前发展最为迅速的一项新技术，其使用一段物种特有 DNA 片段，经扩增和测序对比可以进行亲缘关系分析以及对物种进行准确的鉴定。目前多以动物的线粒体 DNA 为靶标，常用的基因有 $CO\ \text{I}$ 基因、$CO\ \text{III}$ 基因、$Cytb$ 基因、12S rRNA 和 16S rRNA 基因。另外，DNA 条形码技术能避免形态学分类的缺陷，对鉴定者的经验和专业知识背景要求较低。DNA 条形码鉴别技术已有专门的数据库作为支撑，目前主要有 DNA 条形码数据库（http：//www. boldsystem. org）和 GenBank 数据库（http：//blast. ncbi. nlm. nih. gov）作为基础，数据库信息也在不断扩大，适用物种也越来越多。

## 9.1.3　近交系数评测

在人类的繁衍过程中，人们认识到近亲婚配发病率高的现象，而在动物的生殖中也存在同样的问题，因此保持动物的遗传多样性是其种群长期繁衍适应自然的重要基础。近交系数（inbreeding coefficient）是指一个近亲婚配的后代（一个个体）从其父母的共同祖先之一得到同一基因的可能性，是评价一个群体中近交程度的重要指标。从另一方面来说，有共同祖先的个体本就存在着亲缘关系，亲缘关系有远有近，如嫡亲、近亲、中亲和更远的亲缘关系。在动物育种与群体品系的评价中用亲缘系数来表示亲缘程度，即遗传上的相似度，也是近交系数的一个侧面反映。在猪的品系杂交育成中，一般认为群体平均亲缘系数在 20% 以上，同时群体内的两个个体间亲缘系数都在 10% 以上。这样的规定缘于物种本身的种属特性，若个体间亲缘系数达不到规定标准，就无法保证种属的一致性，或者说无法保证种属的本质属性，也就是说缺乏构成一个品种的可靠依据，否则按照现代分类标准就应当分为亚种。其次，一个群体间两个个体没有任何亲缘关系也是不可靠的，因此还要保证个体之间的亲缘关系，但要控制到一定程度。

个体近交系数的大小决定于双亲的亲缘程度大小，两个亲本间的亲缘系数越高，则所生子代的近交系数也就越高。当双亲均为非近交个体时，子代的近交系数等于双亲亲缘系数的 1/2，即无关个体产生后代的近交系数为 0。由于亲缘系数和近交系数有着这种换算或转换关系，在群体繁育时，随着封闭群或者稀有物种群体数的减少或隔离，个体间亲缘程度不断上升，也就是说群体间后代的平均亲缘系数会不断上升，则群体内个体间就不可避免地发生近亲交配，子代的近交系数也就必然相应地有所增加。随着近交程度的提高，可能在群体内出现近交衰退现象，这在野生濒危物种中不可避免。但是在家畜育种中，为了提高品系的可靠性，使之具有整齐统一的遗传性，往往适当增加近亲交配，使得基因多态性水平趋于稳定，又不至于发生近交衰退。我国在猪的育种中规定亲缘系数为 25% 和个体近交系数 10% 也是基于上述理论和实践并证明，猪的平均近交系数在此标准以下是不会出现衰退的。

对于不同群体和系谱记录的近交系数的计算方法，国内外也有所不同，在有系谱记录中，近交系数的计算会依据系谱和双亲的亲缘关系进行计算，依据亲缘系数 K（coefficient of kinship）和近交系数 F（coefficient of inbreeding）两个不同的概念，前者定义为两个个体之间遗传关系的一个度量，是两者从一个共同祖先获得一个相同基因的概率。而近交系数则定义为一个个体在一个给定的位点从其父母的一个共同祖先获得两个相同基因的概率。Karigl 在 1981 年提出了一个计算亲缘系数的递推算法，但是这些 K 和 F 的计算是基于亲缘关系系谱基础的，若未知两个个体的亲缘关系则无法计算其二者的亲缘系数和近交系数，后来对此进行了改进，但是并不适于完全不知亲缘关系的野生梅花鹿群体。近亲交配是动物育种中常用的技术手段，也用近交系数表示近交程度，生物学研究人员莱特（S. Wright）把形成两个配子间时因近交而造成的相关系数称为近交系数，但是其计算方法中同样需要知道亲代共同祖先出现的次数。因此，也无法实现梅花鹿的近交系数评估。王燕丽等（2005）对莱特个体近交系数的计算方法做了进一步优化，结合猪的家系记录和 STR 信息，通过相关系数和回归方程计算了猪的近交系数。主要是通过 STR 位点基因的纯合率间接反应个体的近交程度，结果表明其可以作为分析金华猪群体的遗传结构和选种时的参考依据。基因纯合子越多，即纯合位点越多也就意味着近交系数越大，说明该个体的双亲具有来自共同祖先的可能性也就越大。在此基础上，王燕丽等对金华猪保种小群体的近交程度依据分子标记间的遗传关系进行估算，对 120 头金华猪的 29 个 STR 位点的多样性分析，表明了这些保种群体的基因纯合度较高，聚类分析显示的亲缘关系与系谱记录基本一致。这一结果也间接表明了通过 STR 位点和系统聚类法即欧氏距离（Euclidean distance）也可以度量个体间的遗传距离，这为没有系谱记录的野生动物间的近交系数的评估提供了技术支持。

近年来随着生物技术的发展，可以直接对编码蛋白质或酶的基因进行分析，其中最有效的方法之一就是以 PCR 为基础的 STR 多态性检测技术。利用 STR 座位对动物个体进行遗传检测，统计各个体的等位基因组成，计算出各个体的基因纯合率（基因杂合度）及多态信息含量，即可知道个体的近交程度，可为地方保护动物品种的选种选育提供重要依据，也可为濒危动物小群体的保护提供重要的参考依据。但是近交系数和 STR 位点基因纯合率相关系数的大小会受到个体来源与 STR 多态性等因素的影响。如果 2 个个体没有共同的祖先即分别来自无亲缘关系的 2 个祖先，但其可能都拥有结构和功能相同的基因，我们也认为它不是遗传上等同的，即近交系数为 0。但是在被测动物中存在着这样的基因，通过软件计算出来的基因纯合率会比实际偏高。

## 9.1.4　遗传瓶颈效应评价

在家畜育种和保种的研究中，有些地方品种如猪、牛、羊和鸡鸭等濒临消失灭绝，因此需要加以保护并实施小规模群体的保种计划，在我国及世界各国均有对地方物种和野生濒危动物实施保护的计划和措施。物种保护首要目标是最大限度地维持群体的数量及遗传多样性水平，以尽可能完整地保存群体内的基因。在家畜保种实践中，这一目标通常是通过扩大保种群体规模、优化公母比例以及采取适宜的留种及选配方式等措施控制群体近交增量来实现的。这是因为近交会提高基因纯合的概率，从而降低群体遗传多样性；再者，有害基因的纯合还会导致近交衰退，个体繁殖力下降，适应性降低，甚至寿命缩短。而在野生动物的保护中，由于几乎不存在人为干预措施，对保护群体的遗传多样性和近交程度也难以掌握，物种多样性对繁殖效率和数量的影响不清楚。

STR 在动物遗传多样性评价中的应用尤其在畜禽亲缘关系的确定、构建基因组连锁图、遗传多样性分析、基因定位及数量性状位点（QTL）分析和辅助选择及杂种优势预测等研究领域得到极为广泛的应用，为野生动物的遗传多样性评价和近交程度的评测提供了方法手段。在遗传多样性评价和近交程度的评价中多使用基因杂合度，其又称基因多样度，一般认为它是度量品种变异的一个参数。当研究多个基因座位上的等位基因频率时，一个群体中的遗传变异范围通常由平均基因多样性（即平均杂合度）来度量。平均杂合度的大小近似反映出遗传结构变异程度的高低，平均杂合度越大，表示品种变异程度越大，平均杂合度越小，表示变异程度越小。因此，在动物实际保护中，适时准确地估计保种群的近交系数，对于监测保种效果，科学制定、调整和优化保种方案具有重要意义。

遗传多样性是生命进化和适应的基础，种内遗传多样性或变异性越丰富的物种对环境变化的适应能力也越大，种内遗传多样性有助于保持物种和整个生态系统的多样性或可以减慢由于适应和进化所导致的灭绝过程。当种群有效数量急剧降低时，数量减少，近亲交配概率增加，基因纯合度增加，即经历了所谓瓶颈效应（bottleneck effect）的影响，加上遗传漂变的作用会导致群体遗传多样性的匮乏，最终将关系到该群体的生存。瓶颈效应可以通过群体数量上或遗传上的监测来检测，在家畜育种与濒危品种的保护中如在中国山羊地方品种的保护以及野生动物的保护评测中，通过群体数量监测来检测瓶颈效应非常困难，而以遗传上种群的有效群体数量和基因变化率来检测，采用 BOTTLENECK 软件包即可在不需要知道历史群体的情况下进行瓶颈效应分析，成为检测瓶颈效应的主要手段。近年来随着生态环境改变和人为活动的增加，我国原本多个野生梅花鹿群体在野外遭到灭绝性打击，仅存的华南梅花鹿浙江群数量急剧下降，种群濒危以至于濒临灭绝。因此，可以通过对浙江清凉峰华南梅花鹿野生种的遗传学检测，来推断该群体近期是否经历瓶颈效应，为我国野生动物资源的保护和合理利用提供科学依据。

## 9.1.5　STR 遗传多样性参数计算

微卫星标记呈等显性遗传，基因频率和基因型频率可根据电泳图谱或毛细管电泳直接计算得到，主要包括等位基因数（number of allele，n）、有效等位基因数（effective number of allele，E）、遗传杂合度（heterozygosity，h）、遗传多样性指数（genetic diversity index，H）、多态信息含量（polymorphism information content，PIC）和群体间相似系数（genetic similarity index，I）及 Nei 氏标准遗传距离（Nei's genetic distance，D）、遗传关系参数（genetic relationship parameter，r），STR 遗传多样性参数主要计算方法如下。

（1）微卫星基因型与多态性计算

根据各 STR 位点不同基因型分组进行统计分析，运用数据分析进行 $t$ 检验。

（2）群体遗传参数计算方法

①多态信息含量 PIC 按相关文献计算，计算公式（冯明亮 等，2002）如下：

$$PIC = 1 - \sum_{i=1}^{n} P_i^2 - \sum_{i=1}^{n-1} \sum_{j=i+1}^{n} 2P_i^2 P_j^2 \qquad (9-1)$$

式中，$P_i$ 和 $P_j$ 分别代表第 $i$ 和第 $j$ 个等位基因频率，$n$ 为等位基因数，$k$ 代表检测样本数；$j = i + 1$。

②遗传杂合度 $h$ 按 Nei 氏公式计算，计算公式（郑秀芬，2002）为：

$$h = 1 - \sum_{i=1}^{n} P_i^2 \qquad (9-2)$$

式中，$P_i$ 代表第 $i$ 个等位基因频率，$n$ 为等位基因数。

③遗传多样性指数 $H$ 按相关文献公式计算，计算公式：

$$H = k\left(1 - \sum_{i=1}^{n} P_i^2\right) \frac{}{k-1} \qquad (9-3)$$

式中，$P_i$ 和 $P_j$ 分别代表第 $i$ 和第 $j$ 个等位基因频率，$n$ 为等位基因数，$k$ 代表检测样本数。

④有效等位基因数 $E$ 按 Fisher 精确概率法计算，计算公式：

$$E = 1/\sum_{i=1}^{n} P_i^2 \qquad (9-4)$$

式中，$P_i$ 代表第 $i$ 个等位基因频率，$n$ 为等位基因数。

⑤群体间相似系数 $I$ 按相关文献公式计算，计算公式：

$$I = \frac{\sum_{k=1}^{r} \sum_{i=1}^{ni} P_{kix} \times P_{kiy}}{\sqrt{\sum_{k=1}^{r} \sum_{i=1}^{ni} P_{kix}^2 \times \sum_{k=1}^{r} \sum_{i=1}^{ni} P_{kiy}^2}} \qquad (9-5)$$

则 Nei 氏标准遗传距离 $D$ 为：

$$D = -\mathrm{Ln}I \qquad (9-6)$$

式中，$r$ 为位点数；$ni$ 为第 $k$ 个位点的等位基因数；$P_{kix}$ 和 $P_{kiy}$ 分别代表 $x$、$y$ 两个群体第 $k$ 个位点第 $i$ 个等位基因频率。

⑥依据基因型和基因频率，采用 Kinship 软件计算遗传关系参数 $r$（Okada etal，2000），计算公式如下：

$$r = \frac{\sum\sum(py - p*)}{\sum\sum(px - p*)}$$

式中，$p*$ 代表群体频率；$px$ 和 $py$ 分别代表两个群体的等位基因频率。

（3）瓶颈效应分析

根据 STR 位点频率，使用 BOTTLENECK 软件，计算各 STR 在突变-漂变平衡（mutation-drift equilibrium）假设下的期望杂合度（heterogosity，He）和在无限等位基因模型（infiniteAllele model，IAM）、逐步突变模型（stepwise mutation model，SMM）下的平均杂合度（Hei 和 Hes）。以显著性检验法（sign test）和标准差 $S$ 检验法（standardized differences test）检验样品群体是否存在显著数目的杂合度过剩位点，从而对该群体近期是否经历过瓶颈事件和有效群体数量减少进行判断。

# 9.2 保护遗传学评价

近年来，随着野生动物保护力度的加强以及生物遗传多样性检测技术的发展，不同野生动物物种的遗传学研究相应开展，梅花鹿研究中也开展了不同亚种之间的分子标记研究和亲缘进化分析。相关研究结果表明，江西和浙江的华南梅花鹿有着较近的系统发生关系，浙江的华南梅花鹿则有着更为丰富的遗传多样性和抗病力，是一个相对独立的群体。

华南梅花鹿是极具生态学研究价值的种群之一，但其种群数量少，分布局限在特定狭小范围内，给科学研究带来诸多不便。为进一步扩大华南梅花鹿野外种群数量，同时避免试验场种群过大带来的问题（如打斗致伤残），并探究将梅花鹿放归自然环境的可行性。本研究应用微卫星标记对华南梅花鹿遗传多样性以及近交系数进行评价并开展放归前个体的亲缘关系鉴定等研究，以期为华南梅花鹿野外放归及保护遗传学提供更多依据。

## 9.2.1 研究材料与方法

华南梅花鹿数量少，分布局限在保护区特定范围内，远离人群，加上活动区地形复杂，捕捉梅花鹿非常困难也会给动物带来伤害，所以取样难度极大，这给科学研究带来诸多不便。因此，在梅花鹿的研究中，如何获取实验材料是一个困扰研究人员的重要难题。随着分子生物学的发展，非损伤取样成为获取材料的重要方法，即主要通过与野生动物非接触方式获得如毛发、粪便、食物残渣和角、鳞片等样品的方法。在这些方法中，利用粪便样品进行研究成为最具潜在应用价值的一种取样方法，已在动物识别、数量调查、遗传多样性分析和生态学、行为学等多项研究中发挥了重要作用。动物的新鲜粪便每克中含有十万个肠道上皮细胞，这足以提取 DNA 满足于物种鉴定和遗传分析要求。如今，粪便分子生物技术已经成为动物鉴定的重要方法和学科分支，相较于活体样本，粪便样品的获取更为便捷且无损，尤其在难以捕捉或具有危险性的野生动物鉴定和调查中逐步得到广泛应用。其应用已经在大熊猫个体识别、候鸟物种鉴定、岩羊亲权分析和个体识别等研究中获得良好效果。

### 9.2.1.1 研究材料

用于梅花鹿 STR 分析的华南梅花鹿鹿粪样品来自 2018 年 1 月在清凉峰保护区内收集的 275 份新鲜鹿粪样品，其中 135 份来自试验场内的梅花鹿，140 份取自清凉峰保护区野生群。正式实验前进行预实验，选择冬季低温天气（环境低于 0℃，粪便为结冰状态）捡取梅花鹿活动路径上的粪便，连续进行 3d，于每天清晨收集新鲜粪便，3d 共收集 260 份样品，并根据粪便光泽、外观形态和结霜状态进行新鲜度的分级。新鲜粪便的表面光滑，具有一定光泽，在低温下结霜少或无霜；粪球多呈子弹型，一端较锐，长度 1.5cm，直径 1.2cm（图 9-1）。用夹子取样后转入无菌自封袋后带回实验室，随即取 20 份粪便样品做 DNA 提取和 PCR 扩增预实验。然后于第 4 天和第 5 天进行正式样品收集，沿梅花鹿活动路径进行粪便收集，用夹子取样后放入样品袋，登记采样信息后低温（0℃）带回实验室，取粪便中间部分约 5g 粪便用于 DNA 提取。

A

图 9-1 梅花鹿粪便

B

C

**图9-1　梅花鹿粪便（续）**

A. 梅花鹿新鲜粪便；B. 梅花鹿次新鲜粪便；C. 梅花鹿不新鲜粪便。

## 9.2.1.2　研究方法

（1）DNA 提取

DNA 提取采用游离 DNA/RNA 提取试剂盒（QIAamp），具体过程如下：

①称取 200mg 粪样品在 2mL 的离心管中，将离心管置于冰上。

②每个样品添加 1mL InhibitEXBuffer，然后持续旋涡混合 1min 或者直到样品混合均匀。

③70℃加热悬浮液 5min（难以溶解的细胞溶解温度可以提高到95℃），然后旋涡混合 15s。

④离心样品 1min 析出沉淀。

⑤另取 1.5mL 离心管加 15μL 的蛋白酶 K。

⑥移取 200μL 步骤④的上清液至 1.5mL 含蛋白酶 K 的离心管中。

⑦然后添加 200μL 的 Buffer AL，旋涡混合 15s（注意：不要直接添加蛋白酶 K 到 Buffer AL 中，样品和 Buffer AL 必须充分混合成均匀混合液）。

⑧70℃孵育 10min。

⑨添加 200μL 无水乙醇到溶解液中，旋涡混合。

⑩小心移取 600μL 步骤⑨的裂解液到 QIAamp 旋转柱中，盖上盖子，离心 1min。把 QIAamp 旋转柱放到一个新的 2mL 的收集管中，丢掉含有滤液的管。

⑪小心打开 QIAamp 旋转柱，添加 500μL Buffer AW1，离心 1min。把 QIAamp 旋转柱放到一个新的 2mL 收集管中，丢掉包含滤液的收集管。

⑫小心打开 QIAamp 旋转柱，添加 500μL Buffer AW2，离心 3min，丢掉包含滤液的收集管。

⑬把 QIAamp 旋转柱放到一个新的 2ml 的收集管中，丢掉旧的含有滤液的收集管，离心 3min。

⑭把 QIAamp 旋转柱放到一个新的 1.5mL 的离心管，直接移取 200μL 的 Buffer ATE 到 QIAamp 薄膜上。室温孵育 1min，然后离心 1min 洗提 DNA。可以通过紫外线（UV）吸收度判断 DNA 纯度，使用 Buffer ATE 作空白设计避免结果错误。

（2）基于梅花鹿粪便的 STR 检测与分析

从已有研究报道的在鹿科动物中具有多态性的 STR 位点中选取 12 个位点，进行多样性分析，其引物标在合成时标记 FAM 荧光（表 9-1）。梅花鹿的亲子鉴定与其他鹿科动物一样，由于不知 STR 位点在梅花鹿中的多态性，需要进行多样性分析和筛选。引物序列见表 9-1。

表 9-1　梅花鹿遗传学研究应用的 STR 位点及引物序列

| 位点名称 | 重复单位 | 引物序列 | 荧光标记及来源 |
|---|---|---|---|
| WY83 | TG | F：TGTCATAGTTTTAAAGTCCCTTATTG | |
| | | R：TGATTGGGAAGATCTCCTGG | |
| WY48 | CA | CATGGACAGAGGAGCCTAGC | |
| | | TACCACCCTCCTAACCCCTC | |
| WY33 | AG | GCGCTCCAAGGACTTAGTGA | |
| | | AACCACCTTTGCTCCATCAG | |
| WY68 | TATC | AGCCCAGGAGACAGCATCTA | FAM |
| | | TGGAGACACCTGCTCTTGTG | |
| WY44 | GT | CAGAGCACTGTGGTTTGTGC | |
| | | TCCTTCTCTCACTGTGCTGG | |
| WY69 | AGTA | GCCATTAAAATCCCCTTTCA | |
| | | GCCATCTCTCAGTGCCTACC | |
| WY40 | GT | AAGCCCACGTTAAACCAAAG | |
| | | ATGTGAGACACCAGGGAAGC | |

（续）

| 位点名称 | 重复单位 | 引物序列 | 荧光标记及来源 |
|---------|---------|---------|--------------|
| NVHRT01 | 未知 | GCAGTCTTCCCCTTTCTT<br>GATTGCAGAGTTGGACACTA | |
| RT1 | 未知 | GCCTTCTTTCATCCAACAA<br>CATCTTCCCATCCTCTTTAC | |
| RT5 | 未知 | CAGCATAATTCTGACAAGTG<br>AATTCCATGAACAGAGGAG | FAM |
| RT9 | 未知 | TGAAGTTTAATTTCCACTCT<br>CAGTCACTTTCATCCCACAT | |
| RT24 | 未知 | TGTATCCATCTGGAAGATTTCAG<br>CAGTTTAACCAGTCCTCTGTG | |

PCR 产物用 2% 琼脂糖电泳做初步筛选，经琼脂糖鉴定良好的 PCR 产物在 ABI 3500 型遗传分析仪（美国 ABI 公司）上进行毛细管电泳分离检测。在检测所有位点中，基因型完全相同的样品则认为是重复采样，重复数 ≥2 均按照来自一个样品计算。

利用 Q-Analyzer 软件读取等位基因片段大小，通过 PopGene 1.32 软件计算观测等位基因数（Na）、有效等位基因数（Ne）、观测杂合度（Ho）、期望杂合度（He）、群内近交系数（FiS）、遗传分化系数（Fst）、Nei 无偏遗传距离等指标。利用 Powerstates 软件对基因频率（gene frequency）、基因型频率（genotype frequency）、匹配概率（probability of match，Pm）、个体识别率（power of discrimination，PD）、非父排除率（power of exclusion，PE）、多态性信息总量（polymorphism information content，PIC）、哈迪-温伯格平衡（Hardy-Weinberg Equilibrium，HWE）进行分析。

瓶颈效应分析需要对 STR 数据进行转换，通过种群变-漂移平衡（mutation-drift equilibrium）来分析估计种群数量动态变化。根据各位点的等位基因频率，基于无限等位基因模型（infinite allele model，IAM）、逐步突变模型（stepwise mutation model，SMM）和双相突变模型（two-phased model of mutation，TPM），并通过标记检验（sign test）和威尔科克森标记秩检验（Wilcoxon signed-rank test）分析杂合过度是否显著，使用 BOTTLENECK 软件分析。

## 9.2.2　研究结果与分析

### 9.2.2.1　粪便 DNA 提取

洗脱下的 DNA 用 TE 溶解液保存，使用微量核酸蛋白分析仪 Nanodrop2000 检测核酸浓度以及 OD$_{260/280}$，DNA 放置 −4℃备用，可用于下一步实验。提取的粪便 DNA 浓度普遍不高，浓度在 8.0～124.6μg/μL，电泳检测结果表明 DNA 部分降解（图 9-2），预实验 PCR 结果表明提取的 DNA 满足 STR 分析要求。

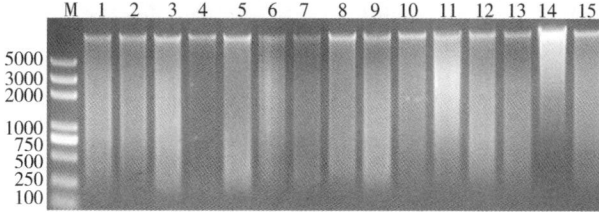

**图 9-2　华南梅花鹿粪便 DNA 电泳检测**

M 为分子量标准物（bp），1～15 为华南梅花鹿粪便样品 DNA。

### 9.2.2.2　STR 位点分析

根据预实验结果，选定 12 个 STR 位点中 8 个具有多态性的位点来进行参数分析，8 个位点分别为：WY69、WY83、RT1、RT9、RT24、WY33、WY40、WY48（图 9-3、9-4）。

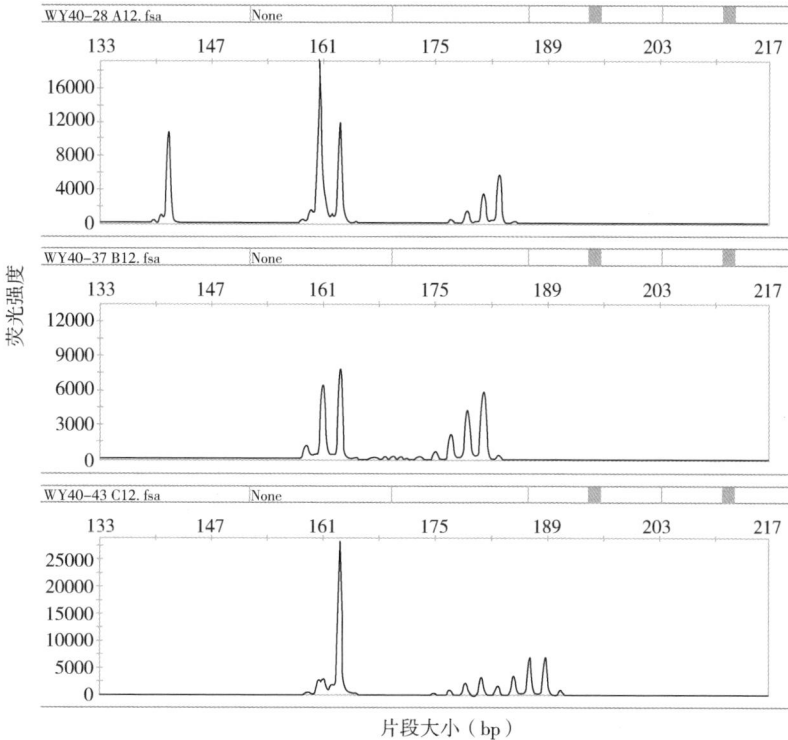

**图 9-3　位点 WY40 在部分样品中的分型图谱**

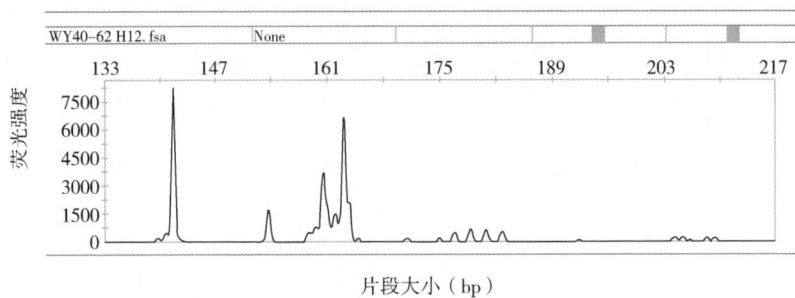

图9-3 位点 WY40 在部分样品中的分型图谱（续）

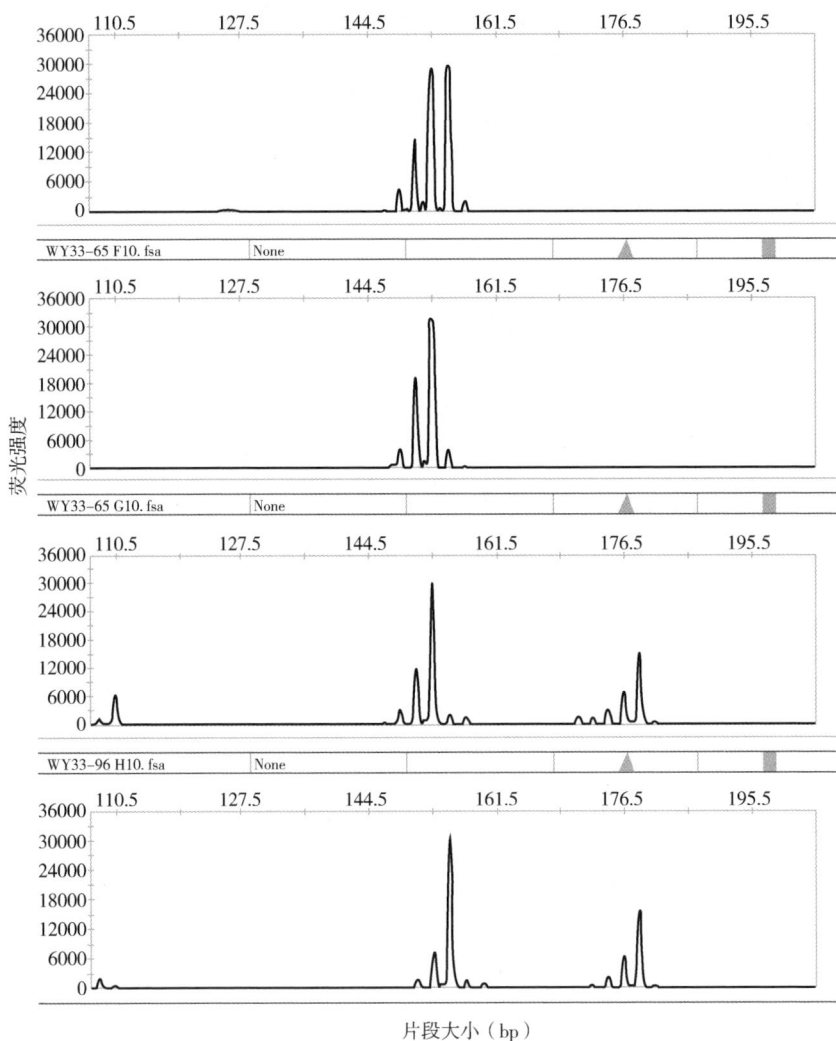

图9-4 位点 WY44 在部分样品中的分型图谱

依据 STR 位点分型结果，完全相同基因型和单倍型的个体被认为来自同一个体的重复采样。在来自试验场内华南梅花鹿样品中排除同一样品重复采样如编号 A32 号和 A36 号为同一样品，A52 号和 A63 号为同一样品后，认定第 4 天和第 5 天取样检测中获得的 86 个独立个体样品的分型结果；野生群体经检测认定 3 号、30 号和 98 号为同一个体，12 号、35 号和 48 号为同一个体，17 号和 38 号为同一个体，7 号和 44 号为同一个体等，最后确认野生群体的独立样本数为 93 个。综上分析，最后试验场内华南梅花鹿收集有效样本数 86 个，野生群体 93 个，以上数据被用于本次研究的分析。

通过筛选来自鹿科动物的 8 对 STR 位点引物，并计算不同等位基因在群体中的比率，计算在华南梅花鹿中的等位基因大小和频率，共检出 58 个等位基因，各位点等位基因数在 2~11 个，平均等位基因数 7.25 个。8 个 STR 位点均为多态位点，$PIC$ 大小在 0.37~0.78，4 个位点的 $PIC$ 值 >0.5，为高度多态位点，其个体识别率在 0.436~0.917，累计识别率高达 0.99998691（表 9-2）。8 个 STR 位点在华南梅花鹿中的等位基因大小和频率，与驯鹿群体中占优势频率的等位基因基本一致。经 $\chi^2$ 检验证明基因型及其基因频率符合哈代-温伯格平衡。但华南梅花鹿群体与驯鹿群体各等位基因的分布和优势基因型不同。

表 9-2　8 个微卫星位点在试验场群体（86 个样品）中的遗传参数

| STR 位点 | Na | Ne | He | Ho | PIC | Fis | Chi-square | SHDI | DP |
|---|---|---|---|---|---|---|---|---|---|
| RT1 | 4 | 1.6991 | 0.4138 | 0.3605 | 0.364 | 0.1239 | 1.0101 | 0.7489 | 0.606 |
| RT9 | 3 | 1.7993 | 0.4469 | 0.1667 | 0.351 | 0.6248 | 26.686 ** | 0.6621 | 0.565 |
| WY40 | 7 | 3.8438 | 0.7447 | 0.4286 | 0.696 | 0.4207 | 40.465 ** | 1.4799 | 0.845 |
| WY48 | 5 | 2.7275 | 0.6379 | 0.5571 | 0.588 | 0.1203 | 1.9777 | 1.2061 | 0.769 |
| WY69 | 2 | 1.8951 | 0.4751 | 0.5529 | 0.361 | −0.1707 | 2.0646 | 0.6652 | 0.567 |
| WY83 | 9 | 5.1782 | 0.8122 | 0.8571 | 0.781 | −0.0623 | 1.0215 | 1.8085 | 0.910 |
| WY2 | 6 | 1.9551 | 0.4914 | 0.4643 | 0.462 | 0.0496 | 0.2479 | 1.0380 | 0.693 |
| WY36 | 6 | 2.5708 | 0.6148 | 0.5610 | 0.541 | 0.0819 | 1.0019 | 1.0939 | 0.758 |
| 平均数 | 5.250 | 2.7086 | 0.5796 | 0.4935 | 0.518 | 0.1485 | | 1.0878 | 0.714 |

注：Na：观测等位基因数；Ne：有效等位基因数；He：期望杂合度；Ho：观测杂合度；FiS：群内近交系数；Chi-square 代表 HWE 的卡方，** 代表 $p < 0.01$；SHDI：香农多样性指数；DP：个体识别率。累计非父排除率：0.999982233。

根据各位点的基因频率，计算得到群体内遗传参数，包括多态信息含量（PIC）、遗传多样性（H）、遗传杂合度（h）和有效等位基因数（E），8 个微卫星位点在梅花鹿总群体中均具有多态性，群体平均等位基因数达 7.2 以上，平均有效等位基因数 2.8093 以上；平均 $PIC$、$H$ 和 $h$ 分别为 0.5228、

0.5889 和 0.5064（表 9-3）。这一数据表明清凉峰保护区华南梅花鹿具有中度多态性，这可能和种群数量少有关，也可能和抽样的手段有关，一些出来活动少的个体难以被发现，也降低了群体的遗传多样性。

表9-3　8个微卫星位点在野生群体（93个）中的遗传参数

| STR 位点 | Na | Ne | He | Ho | PIC | Fis | Chi-square | SHDI | DP |
|---|---|---|---|---|---|---|---|---|---|
| RT1 | 5 | 1.9754 | 0.4965 | 0.5111 | 0.401 | −0.0351 | 0.0766 | 0.8094 | 0.651 |
| RT9 | 6 | 1.8948 | 0.4748 | 0.1505 | 0.388 | 0.6812 | 39.215** | 0.7937 | 0.582 |
| WY40 | 10 | 4.2383 | 0.7687 | 0.3049 | 0.728 | 0.6010 | 99.247** | 1.6319 | 0.848 |
| WY48 | 7 | 3.6585 | 0.7315 | 0.6933 | 0.685 | 0.0459 | 0.5576 | 1.4588 | 0.870 |
| WY69 | 2 | 1.9566 | 0.4915 | 0.8511 | 0.369 | −0.7407 | 48.619** | 0.6820 | 0.254 |
| WY83 | 9 | 5.0128 | 0.8063 | 0.7857 | 0.773 | 0.0185 | 0.1893 | 1.7740 | 0.916 |
| WY2 | 9 | 1.5628 | 0.3622 | 0.4157 | 0.345 | −0.1544 | 1.106 | 0.8449 | 0.609 |
| WY36 | 5 | 2.6074 | 0.6199 | 0.4286 | 0.555 | 0.3048 | 14.134** | 1.1001 | 0.777 |
| 平均数 | 6.625 | 2.8633 | 0.5939 | 0.5176 | 0.5306 | 0.0902 | | 1.1369 | 0.688 |

注：字母代表同表 9-2。累计非父排除率：0.99998425。

根据 8 个微卫星位点的等位基因和多态信息计算，单个位点鉴定亲子关系的概率为 0.28～0.58，累计 8 个位点进行亲子鉴定的概率达到 99.99%，基本能满足梅花鹿亲子鉴定的需要（表 9-4）。分析试验场梅花鹿和野外群体之间的遗传参数可知，无论是检测到的等位基因数量还是 *PIC* 指数，野外群体均高于试验场群体，也从另一方面说明野外群体的多样性。计算两个群体之间的相似性指数为 0.9826，说明有着非常近的亲缘关系。

表9-4　8个微卫星位点在总群体（179个）中的遗传参数

| STR 位点 | Na | Ne | He | Ho | PIC | Fis | Fst | SHDI | DP | Chi-square |
|---|---|---|---|---|---|---|---|---|---|---|
| RT1 | 5 | 1.8591 | 0.4634 | 0.4375 | 0.39 | 0.0532 | 0.0186 | 0.7979 | 0.651 | 0.475 |
| RT9 | 6 | 1.8488 | 0.4604 | 0.1582 | 0.37 | 0.6554 | 0.0003 | 0.7389 | 0.576 | 65.07** |
| WY40 | 11 | 4.0792 | 0.7572 | 0.3648 | 0.72 | 0.5168 | 0.0034 | 1.5832 | 0.854 | 133.2** |
| WY48 | 8 | 3.1938 | 0.6893 | 0.6276 | 0.64 | 0.0863 | 0.0077 | 1.3605 | 0.833 | 2.576 |
| WY69 | 2 | 1.9304 | 0.4833 | 0.7095 | 0.37 | −0.4721 | 0.0019 | 0.6750 | 0.436 | 36.67** |
| WY83 | 10 | 5.2020 | 0.8105 | 0.8231 | 0.78 | −0.0190 | 0.0049 | 1.8130 | 0.917 | 0.152 |
| WY2 | 9 | 1.7425 | 0.4274 | 0.4393 | 0.41 | −0.0309 | 0.0086 | 0.9620 | 0.654 | 0.101 |
| WY36 | 7 | 2.6186 | 0.6199 | 0.4913 | 0.55 | 0.2051 | 0.0069 | 1.1168 | 0.776 | 12.14** |
| 平均 | 7.2500 | 2.8093 | 0.5889 | 0.5064 | 0.5288 | 0.1244 | 0.0062 | 1.1309 | 0.712 | |

注：字母代表同上表。累计非父排除率 0.99998691。

综上，通过粪便收集对清凉峰保护区华南梅花鹿群体进行了保护遗传学评估，分析获得了试验场内和野外两个群体的梅花鹿多样性指数，排除重复采样后分别得到 86 份和 93 份独立个体样本。使用 12 个 STR 位点筛选出其中的 8 个位点进行分析，8 个位点均为多态位点，其中 4 个为高度多态位点。共计检测到 58 个等位基因，平均等位基因数 7.250 个（2～11 个），平均有效等位基因数 2.8093（1.7425～5.2020），平均期望杂合度 0.5889（0.4274～0.8105），平均观测杂合度 0.5064（0.1582～0.8231），平均多态信息含量（PIC）0.5288（0.37～0.78），4 个 STR 位点偏离哈代-温伯格平衡，5 个位点的近交系数为正值，瓶颈效应分析显示基于 3 种检验模型 5 个位点出现杂合子过剩（$p < 0.05$），说明清凉峰保护区华南梅花鹿现存群体遗传多样性丰富，但经历过瓶颈效应，存在一定程度的近交。比较发现，两个群体间等位基因数存在显著差异（5.250 和 6.625，$p < 005$），近交系数在两个群体中也存在差异（0.1485 和 0.0902），其他遗传参数在两个群体间无显著差异。8 个 STR 位点平均个体鉴别力 0.712，累计个体鉴别力达 0.99998691，累计非父排除率 0.92322。以上结果表明现有梅花鹿种群仍保存较高的遗传多样性，但是经历过瓶颈效应且存在一定程度的近交，需要加强保护。

## 9.2.3　讨论

自 1989 年以来，STR 被广泛应用于家畜数量性状位点的定位和遗传相关性的分析，但是这些工作需要检测大量的（一般上百个）微卫星 DNA 位点，以便能覆盖大部分基因组。不论是工作量还是研究经费对一个研究小组来说都是很难承担的。因此，在利用家畜以及近缘物种的野生动物分子标记研究筛选时，尽量选择已经发表的某些对华南梅花鹿或者与梅花鹿亲缘关系相近物种的微卫星，以便尽量在小范围内找到与研究对象相关并多态的微卫星位点。

本研究选取了驯鹿和牛羊的 STR 位点，在华南梅花鹿中的研究显示了所选 8 个位点的多样性，对于华南梅花鹿群体的遗传多样性判别和亲子鉴定都具有一定参考作用。由于物种的借鉴和华南梅花鹿采样的随机性以及不可能完全采样的弊端，计算得到的遗传多样性总会比实际要低；同时对于华南梅花鹿亲子鉴定的判断达不到目前对于人类亲子判定的要求（人类使用 13 个微卫星位点，亲子判断能力达到 99.9999%）。在获得现有华南梅花鹿样本的情况下可以筛选华南梅花鹿群体的分子标记，随着牛羊基因组测序完成和更多物种的单核苷酸多态性（SNP）以及 DNA 条形码的成熟，在亲子鉴定和遗传多样性估算方面也为华南梅花鹿的研究提供了参考。

STR 位点多态信息含量（PIC）、遗传多样性（H）、遗传杂合度（h）和有效等位基因数（E）是衡量某个群体中一个微卫星位点多态性的指标，也是评价一个群体品质纯度的指标。从本研究结果来看，清凉峰保护区华南梅花鹿群体显示中度多态性，这与华南梅花鹿的公鹿占据一定地位和居于首领地位的公鹿的交配权有关，与牛羊不同的交配机会可能造成了尽管野生群体但遗传多样性较低的指数的关系。目前华南梅花鹿种群数量少，受到人类活动和栖息地减少的影响，数量增加慢，也正是需要加强保护的重要原因。

亲子鉴定是一项实用性学科，沈阳农业大学张守纯等（2010）从 17 个STR 筛选了 10 个位点，成功鉴定了一例马鹿的亲子关系。东北林业大学张辉等（2010），借鉴了黑尾鹿、白尾鹿的 18 个微卫星位点引物，对 176 份粪样进行检测，获得 3 个高度多态性位点，综合个体识别率达到 0.643 ~ 0.958，而累积个体识别率达到 99.99%，亲子鉴定力 99.76%。苏杰等（2013）选取8 个牛的微卫星位点对克隆的马鹿进行了鉴定，表明了微卫星在物种鉴定中的可行性。对天山马鹿的研究表明，5 个微卫星位点的平均有效等位基因数为3.7，多态信息含量 0.6825，研究认为天山马鹿具有比较丰富的遗传多样性。但是马鹿圈养群的遗传多样性明显低于野生群体，其两个圈养群体的遗传多态信息含量分别为 0.585 和 0.6238，推测这和圈养近交有关。

基于梅花鹿的保护性研究，浙江大学选用 16 个微卫星标记对东北梅花鹿、四川梅花鹿、江西梅花鹿和浙江梅花鹿群体 122 份样品进行了遗传多样性研究。结果表明，与其他濒危动物相比，中国梅花鹿有着相对较高的遗传多样性，浙江梅花鹿群体遗传多样性在 4 个群体中最高，平均期望杂合度为0.589，但在进化中经历了遗传瓶颈，4 个群体存在显著的遗传分化，建议将4 个野生群分类管理。在种群发生进化中，浙江群体和江西群体首先聚为一类，再和四川梅花鹿聚在一起，说明江西群体和浙江群体有着更为亲近的关系。

俄罗斯马修斯大学（Vytautas Magnus University）研究人员对（立陶宛境内）梅花鹿遗传多样性进行了研究，选用了 7 个微卫星位点，30 个梅花鹿样品和 33 个对照野生马鹿（red deer）。微卫星多态性最高的有 17 个等位基因，但是梅花鹿群体的遗传多样性指数 0.695，马鹿遗传多样性指数 0.626，梅花鹿群体杂交系数 0.004，马鹿杂交系数 0.127，说明梅花鹿群体雄性头领具有绝对的交配权。同时研究还表明，有极少数马鹿和梅花鹿混在一起，有杂交后代产生，但从表型来看更像梅花鹿。

　　长期以来，个体近交系数基本上都是利用系谱信息计算而得，但在生产实际中系谱信息往往会出现缺失或者记录不正确，甚至无法获得，这会大大降低近交系数估计的可靠性。从近交系数反映基因纯合度的角度来看，基于系谱信息的近交系数有时并不能准确反映基因的纯合状况。很多时候，即使是父母完全相等的两个个体（如全同胞），由于从双亲所获得的配子类型不同，其基因的纯合状态可能会完全不同。总之，梅花鹿的多样性评估受到采样数量、使用的分子标记种类以及计算方法等因素的影响，针对华南梅花鹿保护遗传学的研究还需不断推进，因为只有保持现有群体较高的遗传多样性、保护环境、爱护动物，才是实现国家生态战略长远发展的基本策略。

# 第 10 章
## 浙江清凉峰华南梅花鹿保护与管理

浙江清凉峰国家级自然保护区内分布着较大的华南梅花鹿种群，它是分布于我国最东南端、遗传多样性基因最丰富的梅花鹿种群，具有较高的科学研究和经济价值。自保护区建立以来，相关研究者通过多种方法，了解保护区内华南梅花鹿种群分布范围及栖息环境，同时先后采取一系列措施，开展了华南梅花鹿保护工作，华南梅花鹿栖息地及种群得到了有效保护。

## 10.1 栖息地现状

浙江清凉峰国家级自然保护区内野生华南梅花鹿种群主要分布在千顷塘保护片区和龙塘山保护片区。其中以千顷塘保护片区分布最为广泛且数量也最多，龙塘山保护片区仅在海拔 1600m 以上有少量种群分布。

### 10.1.1 千顷塘保护片区

千顷塘保护片区是东西长、南北窄，且沿浙皖省界走向的狭长地带，该片区主要由西部的山湾岭、雨头湾、大湾里、千顷塘、干坑、大源塘，中部的小坪溪、大坪溪，东部的西坞、黄洋塘、道场坪等组成，总面积 5690hm²，其中核心区面积 1696hm²，缓冲区面积为 964hm²，实验区面积为 3030hm²。华南梅花鹿在该片区大部分范围分布。

#### 10.1.1.1 华南梅花鹿种群分布区

（1）山湾岭、雨头湾、大湾里

该区域海拔在 800 ~ 1300m，为千顷塘以西的大面积开阔地。山体上部除有少量黄山松林外，沟谷坡地多为落叶灌丛和草甸；山体下部则是童玉村种植水稻的梯田，面积较大，华南梅花鹿在此活动频繁，采食危害农作物的现象时有发生。

（2）千顷塘

该区域平均海拔 1100m，为千顷塘水库及周边平缓坡地。由于历史原因，原适宜华南梅花鹿栖息的千顷草甸、沼泽地和落叶灌丛已被淹没，形成一个330 万 m³ 的人工水库，华南梅花鹿退缩到千顷塘水库四周平缓山坡的灌丛及草甸中栖息。四周的山脊上零星可见小片状的天然更新黄山松纯林和次生落叶阔叶混交林，其余90%的面积是落叶灌丛和草甸、沼泽地。该区域是华南梅花鹿雨头湾大平溪的重要地段，此外，在千顷塘水库偶尔能见到梅花鹿游泳而过。

（3）干坑

该区域海拔在 750～1450m，为自北倾斜的长带状地形。1965 年以前，此处主要为沼泽、草甸和灌丛，是华南梅花鹿主要栖息地之一。由于该区域属于国有昌化林场生产经营区，早期多次开展了植树造林工程，现在已大多成长为人工林成熟林。人工林植被单一，植物多样性差，林下植物较少，可为华南梅花鹿提供的食物匮乏。因此，该区域梅花鹿种群数量较少。

（4）大源塘

该区域平均海拔 1100m，位于干坑东北面，为大源塘水库及周边高山坡地，人为干扰较小。原生境为高盖度的灌丛草甸低洼地，但由于部分面积变成人工植被，梅花鹿栖息生境受到一定破坏。近年来，通过林下抚育及通道式劈抚的栖息地改造，华南梅花鹿种群得到了一定恢复。

（5）大坪溪

该区域海拔在 880～1100m，为大面积的山间凹地，人为干扰较小。此处植被主要为落叶阔叶林、灌丛及草甸组成，且灌丛盖度大，隐蔽性较好，便于华南梅花鹿栖息。四周的山峰高耸，除山脊上有完整天然更新的黄山松纯林外，其余均为落叶阔叶林、灌丛、草甸。

（6）小平溪

该区域海拔在 900～1200m，是一个四面环山底部平坦的洼地。此处紧邻西坞村，西南与大平溪相连，主要植被是落叶阔叶林及灌木林。

（7）黄洋塘

该区域海拔在 900～1000m，为由西北向东南倾斜的坡地。此处主要植被为落叶灌木和草甸，是沟通道场坪与大小平溪的通道，地形条状，基本与大平溪平行，是华南梅花鹿经常出没处。

（8）道场坪

该区域海拔在 80～1200m，为北高南低的椭圆形开阔地。此处坡度较低的盆地面积占到25%，其余坡度大于5°的山坡到山脊地带90%都是茅栗灌丛、山楂灌丛等，脊坡上存有少量的杉木和柳杉以及天然更新的黄山松林。

## 10.1.1.2　华南梅花鹿种群分布区植被类型及性质

千顷塘保护片区为海拔 600～1470m 的中山地带，整个片区由塘、湾、坳、凹、沟、山坡、高低洼地多样性地貌组成，是一个独特的生态系统。区内有丰富的植物资源，种类极其丰富，还分布有较大面积的草甸。区内水资源丰富，横向分布有 4 座水库，且常年不干枯，可供华南梅花鹿饮用。该分布片区的主要植被类型为落叶阔叶林、针叶林、针阔叶混交林及少量的常绿阔叶林和丛生草类沼泽草甸，主要植被性质如下。

（1）针叶林

①黄山松林。乔木层以黄山松占主要优势，平均高 9.2m，平均胸径 16.9cm，郁闭度 0.6~0.7，主要伴生种有木荷、雷公鹅耳枥、檫木、化香、华山矾、大柄冬青、云锦杜鹃和杜鹃等。灌木层以山檀、中国绣球为主，伴生种有华山矾、秀丽槭、杜鹃、菝葜、蓬蘽、三花莓和掌叶覆盆子等。草本层以求米草为主，伴生种有多花黄精、紫花堇菜、鳞毛蕨、密腺小连翘、珍珠菜、疏花野青茅、大狼耙草、绵穗苏、老鸦糊和小花鸢尾等。

②黄山松—杉木林。黄山松—杉木林多为杉木人工林择伐、废弃后演替形成，外貌呈深绿色，有光泽，林相整齐，林冠呈狭锥形。乔木层以黄山松和杉木占优势，平均高 9m，平均胸径 12.7cm，郁闭度 0.6。主要伴生种有红枝柴、木荷、山胡椒、枫香和板栗等。灌木层主要以山檀、格药柃为主，伴生种有豹皮樟、细叶青冈、大叶胡枝子、中国绣球、毛花连蕊茶、豆腐柴、檵木、菝葜和山莓等。草本层以半岛鳞毛蕨、薹草、箬竹、求米草等占优势，伴生种有水竹、淡竹叶、鼠尾草、金挖儿、粗齿堇菜、心叶堇菜、狗脊蕨、海金沙、金栏边草、龙珠、七星莲、天胡荽、圆菱叶山蚂蝗和长梗黄精等。层间植物有羽叶蛇葡萄、海金沙、大血藤、鸡屎藤、绞股蓝、日本薯蓣和紫藤等。

③黄山松—金钱松林。乔木层以黄山松、金钱松占主要优势，平均高 7m，平均胸径 12.5cm，郁闭度 0.7，伴生种有四照花、华东野核桃、毛叶山樱桃、灰叶稠李、山鸡椒、中华石楠、苦枥木、微毛柃、山胡椒、华东稠李、华中樱桃、野桐和黄山木兰等。灌木层有中国绣球、华山矾、山檀、微毛柃、庐山乌药、黄檀、灰叶稠李和蓬蘽等。层间有鄂西清风藤等。

（2）针阔混交林

①黄山松—华东稠李—灯台树林。乔木层平均高 4.5m，平均胸径 11.2cm，郁闭度 0.6，以黄山松占优势，灯台树、红果钓樟也占有重要的比重。伴生种有华东稠李、三桠乌药、盐肤木、垂珠花、毛叶山樱桃、化香、阔叶稠李和红枝柴等。灌木层有中国绣球、黄檀、红果钓樟、华山矾、粉花绣线菊、野山楂、盐肤木、山胡椒、菝葜、山莓、野蔷薇等。草本层有珍珠

菜、柔枝莠竹、日本金星蕨、三叶委陵菜、密腺小连翘、心叶堇菜、求米草、房县野青茅、紫萁和横果薹草等。层间植物有鸡矢藤和日本薯蓣等。

②杉木—枫香林。乔木层平均高 10m，平均胸径 14.5cm，郁闭度 0.7，仅有杉木和枫香。灌木层有大青、水竹、山橿、木莓、箬竹和山莓等。草本层有求米草、半岛鳞毛蕨和长柱头薹草等。层间植物有紫藤、绞股蓝等。

（3）落叶阔叶林

①灯台树林。乔木层平均高 4m，平均胸径 8.7cm，郁闭度 0.7，以灯台树占优势。伴生种丰富，有毛叶山樱桃、黄山松、三桠乌药、暖木、山胡椒、红果钓樟、盐肤木、细齿稠李和苦木等。灌木层有中国绣球、山橿、红果钓樟、四照花、盐肤木、倒卵叶忍冬、粉花绣线菊、水马桑、下江忍冬、华东野胡桃、灯台树、暖木、山胡椒、华东稠李、三花莓和菝葜等。草本层有紫花前胡、防己、东风菜、日本薹草、横果薹草、大果落新妇、山薹草、黄山凤毛蕨、东南景天、房县野青茅、田基黄、日本风毛蕨、心叶堇菜、中华蹄盖蕨和乌头等。层间植物有日本薯蓣等。

②毛叶山樱桃林。乔木层平均高 7.1m，平均胸径 10.1cm，郁闭度 0.75，以毛叶山樱桃占主要优势，其次是黄檀、山胡椒也占有重要的比重。伴生种丰富，有红果钓樟、华中樱桃、灯台树、算盘子、四照花、山合欢、苦树、华山矾、秀丽槭、三桠乌药、毛果南烛和微毛柃等。灌木层有中国绣球、山胡椒、黄檀、山橿、微毛柃、杜鹃、山鸡椒、化香、红果钓樟、尖叶白蜡树、野山楂和山莓等。草本植物有粉花绣线菊、女萎、求米草、三脉紫菀、心叶堇菜和横果薹草等。层间植物有牯岭蛇葡萄等。

③短柄枹栎—锥栗林。乔木层平均高 7.7m，平均胸径 12.5cm，郁闭度 0.7，乔木以短柄枹占优势，其次是锥栗也占有重要的比重。伴生种有黄山松、垂珠花、红果钓樟、小叶白辛树、华东稠李、野山楂和黄山木兰等。灌木层有中国绣球、山橿、华山矾、毛叶山樱桃、山胡椒和杜鹃、山莓和菝葜等。草本植物有求米草、横果薹草、牯岭藜芦、房县野青茅和紫萼等。

④垂珠花—缺萼枫香林。乔木层平均高 4.1m，平均胸径 9cm，郁闭度 0.75，乔木以垂珠花、缺萼枫香占优势，伴生种有锥栗、红果钓樟、茅栗和灯台树等。灌木层有杜鹃、茶荚蒾、灯台树、短柄川榛、华山矾、山橿、四照花、中国绣球、牯岭悬钩子、三花莓和山莓等。草本植物有房县野青茅、横果薹草、鸭跖草、一枝黄花、长梗黄精和紫花堇菜等。层间植物有华东野葡萄等。

⑤华东野核桃—灯台树林。乔木层平均高 5.3m，平均胸径 10.2cm，郁闭度 0.8，以华东野胡桃、灯台树占优势。伴生种有水马桑、三桠乌药、红果钓

樟、暖木、毛叶山樱桃、黄果朴、华山矾和毛山荆子等。灌木层有中国绣球、华山矾、绣线菊、山橿、山莓和菝葜等。草本层有山薹草、似横果薹草、华东蹄盖蕨、百合、珍珠菜、一年蓬、油点草、莎草、玉簪、多花黄精、三脉紫菀和紫花前胡等。层间植物有薯蓣等。

（4）常绿阔叶林

短尾柯林。乔木层平均高6.9m，平均胸径8.2cm，郁闭度0.8，以短尾柯占优势。伴生种有山鸡椒、黄山木兰、蓝果树、灯台树、雷公鹅耳枥、枫香、木荷、檫木、大叶稠李、短柄枹、红枝柴和山合欢等。灌木层有山鸡椒、中国绣球、黄檀、微毛柃、乌药和中华石楠等。草本层有薹草等。层间植物有日本薯蓣等。

（5）草甸

千顷塘天池周边分布有大片的草甸，主要以沼原草为优势种，伴生种有毛叶沼泽蕨、柔枝莠竹、芦苇、天目当归、华东鹿蹄草、戟叶蓼、地榆、野灯芯草、山梗菜、朝鲜薹草、野古草、堇菜、泽芹、浙江薹草、湿地拉拉藤、玉蝉花、鼠妇、突节老鹳草、庐山藨草、泽拉拉藤、小蓼花、水竹叶、问荆、褐绿薹草、薹草、三叶委陵菜、毛茛、林木贼和拂子茅等。

## 10.1.2　龙塘山保护片区

龙塘山保护片区地形西高东低，西部为大片海拔大于1000m的陡峻山体，钱塘江流域最高峰——清凉峰即位于该区的西南，东部则过渡为低山丘陵地带。该片区主要由西部的都林山、茶园里、大源、清凉峰，中部的十八龙潭、龙塘峰、红桃弯、正源、朝山，东部的谢家、小石门、大石门、七里岩、直源、鲫鱼潭组成，总面积4482hm²，其中核心区面积831hm²，缓冲区面积817hm²，实验区面积2834hm²。华南梅花鹿仅在该片区的清凉峰区域分布。

### 10.1.2.1　梅花鹿种群分布区

梅花鹿种群主要分布区清凉峰是钱塘江流域的最高峰，山岗近南北向延伸，长约2000m，南部高，向北逐渐降低。四周坡度陡峻，但岗顶地貌平坦，顶面宽100～300m，南部窄，北部宽，北部最宽处达600m，并发育有一直径约100m的低凹沼泽山地。

### 10.1.2.2　华南梅花鹿种群分布区植被类型及性质

龙塘山区域的植被类型为针阔叶混交林、落叶阔叶灌丛和根茎草类沼泽草甸，华南梅花鹿分布区仅发现于清凉峰顶区域，该分布区域的主要植被类型为针叶林、灌丛和草甸3类。主要植被性质如下。

（1）黄山松林

乔木层以黄山松占主要优势，平均高 9.2m，平均胸径 16.9cm，郁闭度 0.6~0.7，主要伴生种有木荷、雷公鹅耳枥、檫木、化香、华山矾、大柄冬青、云锦杜鹃和杜鹃等。灌木层以山檀、中国绣球为主，伴生种有华山矾、秀丽械、杜鹃、菝葜、蓬蘽、三花莓和掌叶覆盆子等。草本层以求米草为主，伴生种有多花黄精、紫花堇菜、鳞毛蕨、密腺小连翘、珍珠菜、疏花野青茅、大狼耙草、绵穗苏、老鸦糊和小花鸢尾等。

（2）灌丛

在清凉峰山顶分布有一定的华中山楂种群，海拔 1767m，盖度 10%，伴生种有黄山杜鹃、南方六道木、灯笼花、圆锥绣球和玉山竹等。草本层有珍珠菜、玉蝉花、长柱头薹草、野古草、地榆和柔枝莠竹等。

（3）草甸

玉蝉花为多年生草本，清凉峰有分布一定面积的玉蝉花群落，伴生种有大披针叶薹草、野古草、地榆、珍珠菜、长柱头薹草、密腺小连翘、紫花前胡和东风菜等。

## 10.2　保护措施与成效

华南梅花鹿保护与管理工作是保护区重点工作之一，其目的是维护好区内的华南梅花鹿种质资源，保护好其栖息地环境，从而壮大华南梅花鹿种群。建区以来，保护区严格按照总体规划的要求，积极开展了大量富有成效的华南梅花鹿保护工作，先后开展华南梅花鹿栖息地生态恢复、野生种群救助及野外巡护和科普宣传等工作，取得了较好的成绩。

### 10.2.1　建立健全保护网络与设施，提高资源管护能力

定期召开野生华南梅花鹿保护宣传专题会议，与各乡、镇、村签订野生梅花鹿保护协议，聘请部分村民为义务监督员。加大对毗邻市宁国和保护区社区乡镇的联防力度，每年召开联防会议，打击违法狩猎行为。建立保护区管理局、保护站、保护点（哨卡）三级防护网络，对各主要进区道路设立检查哨卡，健全保护科、站、点巡护管理制度。建立华南梅花鹿观测站，对华南梅花鹿重要活动区域加强巡护监测。为了有效加强违法狩猎管控，保护区对社区内主要狩猎人员进行摸查，并每年以社区负责人和重点狩猎人员为对象的华南梅花鹿保护宣传会议，签订责任状，落实华南梅花鹿的保护工作。

积极开展华南梅花鹿保护专项活动，在华南梅花鹿保护区域内开展搜夹、清吊行动，并对违法人员实施重拳打击。此外，保护区还专门安排局机关工作人员周末上山协同保护站堵疏结合，开展驴友专项整治活动，驴友擅闯保护区的情况得到了一定程度的控制。2015年末和2016年初还组织保护站点开展了清理"柴吊""夹子"专项活动，其间查处安徽省宁国市万家乡3个村民进入保护区违法狩猎案件一起，起到了教育警示作用。并以打击违法案件为典型，通过分发和张贴典型案例，提高社区居民的保护意识，起到了教育警示作用，有效增强了保护区华南梅花鹿保护能力。

## 10.2.2　加强宣传，提高保护意识

一直以来，清凉峰保护区对华南梅花鹿的保护工作高度重视，将其作为每年的全局性重要工作之一。积极利用各种宣传平台，进行舆论引导。以"野生动物保护月""生物多样性保护日"等特殊纪念节日，积极下乡进村、送教到校进行宣传；并且积极组织青少年学生参观清凉峰科技馆，以及开展面向青少年学生的多种华南梅花鹿保护活动，进一步增强保护区周边社区居民及青少年学生保护野生动物意识。积极走访保护区周边社区，发放宣传资料2000余份，安装指示引导牌和警示牌50余块，进一步引导游客爱护环境保护野生动物，增强保护意识。此外，保护区还充分利用新闻媒体的时效性和广泛性的宣传优势，加强了在主流媒体的宣传力度，努力把握高质量的宣传资料制作和运用。多年来，保护区共组织科技人员下乡宣教50余人次、发放华南梅花鹿宣传资料11 000多册，开展华南梅花鹿科普讲堂10余次，展示标本30余头，受教育人次达20 000余人次。中央电视台、杭州日报、临安电视台等媒体对保护区华南梅花鹿的保护和科研工作进行了报道。

## 10.2.3　加大适宜生境恢复，改善适栖环境

动物的生存繁殖需要特定的生态环境，当环境遭到破坏或改变，会使动物种群数量减少，甚至消失。野生华南梅花鹿喜栖于落叶阔叶混交林、山楂、茅栗灌丛，尤其是茅草茂密、食物丰富的半山地带区。由于20世纪60、70年代生产和生活的需要，华南梅花鹿适栖的草甸、灌丛环境被开发破坏，导致华南梅花鹿栖息地减小、破碎化，虽然1980年初开始全面保护，在历经二三十年的封山育林后，整体环境得到改善，华南梅花鹿分布区也逐步扩大，但斑块状分布状况并没有得到改善。2000年，保护区为了改善华南梅花鹿栖息环境，选择干坑林区进行栖息地恢复试验，对100亩人工针叶林开展片伐，

并对采伐迹地进行清理。第 2 年，栖息地恢复后的林区内发现了较多的华南梅花鹿粪便、脚印、啃食等痕迹，说明栖息地恢复后的地块内华南梅花鹿的活动极为频繁，栖息地恢复后的生境有利于华南梅花鹿栖息，此次试验为推动保护区后来实施的栖息地恢复工程奠定了良好的理论与实践基础。在试验取得成功的基础上，根据《浙江清凉峰国家级自然保护区总体规划》，保护区在基础设施二期工程以及省林业厅、省环境保护厅的支持下，于 2008 年启动了较大规模的华南梅花鹿栖息地恢复工程。该工程项目主要在山湾岭、雨头湾和干坑 3 块区域，先后通过通道式劈抚、小面积片伐、宽带式劈抚等方法在保护区实验区实施了 540hm² 范围（表 10-1）的栖息地恢复工作。

表 10-1　二期建设工程梅花鹿栖息地生境恢复范围面积统计单位：hm²

| 恢复区域 | 恢复方式 | 面积 |
| --- | --- | --- |
| 千顷塘保护片区 | 小面积片伐 | 20 |
| | 宽带式劈抚 | 101 |
| | 通道式劈抚 | 419 |
| 合计 | | 540 |

通过栖息地恢复工程，梅花鹿保护工程取得了显著的成效：一是恢复区华南梅花鹿活动有增多的趋势。通过现代科技手段，特别是在生境改良区域安装红外触发相机和视频监控，根据长期监测记录分析，生境恢复后的区域华南梅花鹿活动明显增多，为我们了解保护区华南梅花鹿生活习性和生态习性提供了科学依据。二是有效缓减了华南梅花鹿与社区居民的矛盾。通过恢复栖息地，为华南梅花鹿提供了生存栖息所需的活动通道、食物，可以有效缓减华南梅花鹿破坏农作物现象。

## 10.2.4　实施半生态试验，提高保护区科研能力

自 2002 年通过对一头刚出生小鹿"倩倩"的救护开始，保护区在华南梅花鹿野生种群分布地千顷塘内开展了华南梅花鹿种群扩繁的研究。2003 年，保护区选取了食物丰富、栖息环境适应的千顷塘水库大坝以南作为华南梅花鹿救护繁育试验场，并针对野外救护情况建设了用于野外救护梅花鹿的隔离场。同时试验场内还设计有多个功能区块及 6 个视频监控设备，为保护区进一步了解华南梅花鹿生活和生态习性，提高保护区华南梅花鹿科研水平奠定了良好的基础。

## 10.2.5　积极开展救护工作

早在 1979 年临安县林业科学研究所就成立了华南梅花鹿救护中心，圈养

华南梅花鹿，观察其人工条件下的生态、生理变化情况，到1994年中心共收容救护野生华南梅花鹿14头，成年鹿3头，其中公鹿2头，仔鹿（出生7～10d）11头，其中公鹿4头。

2002年5月18日，大峡谷镇西坑村一村民在利益驱动下，捕获一头刚出生不久的小梅花鹿，后被浙西大峡谷总经理潘庆平买下送至临安市森林警察大队，由于小鹿受到惊吓，身体状况很差，生命危在旦夕，经过森林警察大队、清凉峰国家级保护区管理局的抢救，小梅花鹿转危为安，后被救护于华南梅花鹿抢救繁育试验场内。2003年5月20日，记录小鹿发育情况：体长111cm，肩高68cm，臀高79cm，后足长35cm，耳长24cm，尾长11cm。

2008年3月15日和4月7日，大峡谷镇狮溪村，因土狗集结追赶野生华南梅花鹿于村口溪潭之中，被村民救起关于牛棚内，3月15日为亚成体公鹿，4月7日为成年公鹿。保护区接到救护电话以后，立马驱车前往狮溪村，并请杭州动物园的专家前来麻醉救护。由于两头梅花鹿在前段的狗捻和人工抓捕过程当中受到咬伤和惊吓过度，分别在3月17日死于杭州动物园和4月15日死于千顷塘保护站的试验场内。

2014年8月15日，临安市龙岗镇茆里华兴水电站工作人员发现水渠内有一只落水的华南梅花鹿，于是立即联系保护区工作人员前来处理。保护区工作人员第一时间赶往现场，积极制定营救计划，最终成功救护一头野生成年母鹿，送往华南梅花鹿抢救繁育试验场内。并对它进行了隔离特殊饲养，安排专人照料，母鹿状态良好。

2021年7月21日，杭州市临安区龙岗镇茆里华兴水电站工作人员发现一头从引流渠15m高处滑落至水渠内的受伤华南梅花鹿，于是联系杭州市临安区野生动植物保护管理站，野生站联系保护区协助前往救助。保护区工作人员第一时间赶往现场，积极制定营救计划，对受伤小鹿开展保定，并运送至试验场内进行检查处理，由于伤势过重，经全力救治仍于第3日死亡。

截至2021年10月，据不完全统计保护区共救护华南梅花鹿7头，积累了丰富的野生梅花鹿救护经验，同时也积累了大量数据，为华南梅花鹿的科研奠定了基础。

## 10.2.6　加强科研协作，推进科研发展

1998年8月，浙江清凉峰国家级自然保护区成立，保护区积极与国内外各科研院校合作，开展生物多样性调查与科学研究工作，尤其是开展华南梅花鹿的多项科研工作。先后与浙江大学、中国林业科学研究院、华东师范大

学、浙江农林大学、浙江自然博物馆、中国科学院动物研究所、浙江师范大学、中国计量大学等单位合作（表10-2），开展了清凉峰动物资源调查和国家一级保护野生动物华南梅花鹿的专题研究，在国内外期刊发表科研论文 10 余篇，先后出版《浙江清凉峰自然保护科学考察集》《清凉峰动物》和《浙江清凉峰生物多样性研究》等专著 3 本。

表 10-2　浙江清凉峰国家级自然保护区与各大院校合作开展科考情况

| 时间（年） | 合作单位 | 研究内容 | 研究成果 |
| --- | --- | --- | --- |
| 1993—1997 | 浙江大学等 | 保护区自然资源考察 | 《浙江清凉峰自然保护区科学考察集》专著 1 本 |
| 2000—2001 | 浙江大学 | 华南梅花鹿的冬春栖息地特征 | 论文 1 篇 |
| 2003—2004 | 华东师范大学 | 华南梅花鹿对栖息地选择的季节变化 | 论文 1 篇 |
| 2004 | 浙江大学 | 线粒体 DNA 序列分析在中国梅花鹿亚种法医鉴定中的应用 | 论文 1 篇 |
| 2006—2010 | 浙江农林大学 | 华南梅花鹿种群生存力及扩繁技术研究 | 论文 3 篇 |
| 2012 | 浙江自然博物馆 | 清凉峰动物资源专项调查 | 《清凉峰动物》专著 1 本 |
| 2014—2020 | 浙江大学 | 清凉峰生物多样性调查 | 《浙江清凉峰生物多样性研究》专著 1 本 |
| 2015—2016 | 中国科学院动物研究所等 | 清凉峰华南梅花鹿种群规划 | 《浙江清凉峰国家级自然保护区华南梅花鹿种群发展规划》1 本 |
| 2015—2016 | 中国计量大学 | 华南梅花鹿栖息地适宜性评价 | 论文 2 篇、研究报告 1 份 |
| 2018 | 中国计量大学 | 华南梅花鹿抢救保护 | 研究报告 1 份 |
| 2019 | 中国计量大学 | 华南梅花鹿抢救保护 | 研究报告 1 份 |
| 2020 | 中国计量大学 | 华南梅花鹿抢救保护 | 论文 2 篇、研究报告 1 份 |

2006 年保护区与浙江农林大学合作共同建立了临安华南梅花鹿研究所。华南梅花鹿研究所的建立，增加了保护区与高校科研机构之间的合作力度。此外，2015 年保护区与中国科学院动物研究所合作开展了华南梅花鹿种群规划，编制《浙江清凉峰国家级自然保护区华南梅花鹿种群发展规划》，通过开展实地调查，了解保护区华南梅花鹿的栖息地、人类干扰和生境选择情况，同时在保护区周边开展了社区居民人兽冲突与保护意识的调查，调查了区内华南梅花鹿种群数量及分布，估算了保护区内野生华南梅花鹿的环境容纳量，评估了该保护区现有试验场内华南梅花鹿繁殖种群状况，为该保护区未来华南梅花鹿种群的发展提出了保护和管理建议。近些年来，随着与高校科研院所合作的加强，华南梅花鹿的研究日益深入。保护区已经完成对华南梅花鹿

的种群数量和结构的调查、栖息地选择以及保护遗传学方面的研究，标志着保护区在华南梅花鹿科研方面更上一层楼。

# 10.3 存在的问题与展望

自1985年建立龙塘山省级自然保护区开启华南梅花鹿保护开始，经过近40年的保护和发展，华南梅花鹿在浙江清凉峰国家级自然保护区及其周边地区范围内种群数量稳定，并不断繁衍壮大。然而，在取得显著成绩的同时，也产生了一些新的保护及管理要求。当前华南梅花鹿保护与管理面临的亟待解决的问题主要体现在以下几个方面。

## 10.3.1 保护区内植被自然演替与栖息地恢复

杨月伟等（2002）对清凉峰保护区内华南梅花鹿冬春栖息地选择的研究表明，梅花鹿偏好平缓的西坡和南坡，对乔木层的利用较少，偏好在灌木和草丛中活动。马继飞等（2004）对梅花鹿秋季栖息地选择的研究表明，梅花鹿偏好在草甸—沼泽和灌丛中活动，会避开阔叶林和人工林；它们会选择郁闭度较低、食物丰富度较高的区域；偏好上坡位、海拔大于1200m和人为干扰距离大于1000m的环境；选择向阳、坡度平缓的环境。付义强等（2006）和刘建（2007）在江西桃红岭梅花鹿国家级自然保护区开展的多项研究均表明华南梅花鹿偏好灌丛和草甸生境中活动。于江傲（2008）根据样带观察到的雪地足迹，结合实体、食痕和粪便等对华南梅花鹿栖息地进行了调查，结果显示在灌木林中观测到的华南梅花鹿实体数占观察总数的54.10%、荒草地中观测到的华南梅花鹿实体数为29.50%、乔木林中观测到的华南梅花鹿实体数为16.40%，华南梅花鹿一般选择在郁闭度小于20%的栖息地中活动。游卫云（2009）研究发现，浙江清凉峰国家级自然保护区华南梅花鹿成年雌鹿最大采食高度为1.45m，成年雄鹿的最大采食高度为1.65m。蒋志刚（2010）通过江西桃红岭梅花鹿国家级自然保护区的火烧和砍伐实验表明，火烧和砍伐都能有效增加华南梅花鹿可采食植物的多样性和生物量，也能降低木本植物的高度，为华南梅花鹿的采食提供条件。徐爱春等（2016）利用红外相机对浙江清凉峰国家级自然保护区梅花鹿调查结果显示，华南梅花鹿偏好于灌木、草甸和水源附近活动。华南梅花鹿分布区域的植被构成中，针叶林和落叶阔叶林等乔木林占61.08%，而梅花鹿只能采食1.65m以下的嫩芽和叶片，高大的乔木并不能满足梅花鹿采食和栖息的需要。

上述研究表明：①华南梅花鹿多选择在海拔相对较高、坡度较缓的草甸和灌丛活动，而人工杉木林、乔木林和竹林等较少选择。灌木能同时满足华南梅花鹿对食物、隐蔽条件和小气候等条件的要求，是华南梅花鹿的主要食物来源地、隐蔽场所，是华南梅花鹿的适宜生境。②对栖息地的适度干扰可增加华南梅花鹿可采食植物的多样性和生物量。保护区内植被经过近 40 年（尤其是 1998 年升级为国家级自然保护区后）的严格保护和管理，区内植被类型发生了明显变化，主要表现在原低矮灌木林长高、增密，自然演替为小乔木林或乔木林，灌草丛面积大面积缩小；原中幼龄林成长为成熟高大乔木林，也导致了华南梅花鹿适宜栖息地的萎缩。

综上所述，从华南梅花鹿种群发展角度来看，目前需要在保护区内华南梅花鹿主要分布区进行适度的栖息地恢复，诸如间伐、片伐、劈抚树木，乃至可控制的火烧，其目的是将现有以乔木林为主的植被类型改造成以低矮灌丛和荒草地为主的植被类型，以最大限度地发展壮大华南梅花鹿种群。

## 10.3.2　天目山脉尺度下的种群现状与保护区群建设

研究团队对天目山国家级自然保护区的调查显示，目前在该保护区内有约 20 头华南梅花鹿种群分布；在安吉县安吉小鲵国家级自然保护区内也有种群数量不详的华南梅花鹿分布，会同浙江清凉峰国家级自然保护区，天目山脉浙江段共有 3 个国家级自然保护区内已知有华南梅花鹿分布。在这些保护区的周边地区，如於潜镇、昌化镇、龙岗镇、清凉峰镇、马啸乡等地均有发现华南梅花鹿活动踪迹，乃至救护的记录。此外，在天目山脉安徽省宁国市一侧，吴海龙等（2003）估计至少有 70~90 头野生华南梅花鹿分布。

然而，除了对保护区内的华南梅花鹿种群做了较为详尽的科学调查和监测工作外，浙江省内保护区周边的华南梅花鹿种群现状，除了偶发的救助信息外，相关机构对诸如数量、性比、年龄结构、分布格局及其动态、受胁因素等基础资料目前均一无所知。因此，建议在保持 3 个保护区内华南梅花鹿种群常年监测强度外，应在天目山脉区域内持续开展非保护区范围内的华南梅花鹿种群调查，以期掌握更全面的浙江省华南梅花鹿种群数量、分布等确切信息，为更好地保护和管理提供科学基础数据。

此外，建议 3 个保护区联合安徽省宁国市建立"保护区群"，轮流做"群主"，建立类似于保护联盟类的保护区群合作机制，协调统一，实现信息共享、科研合作、联合执法与同步保护管理措施等。

## 10.3.3 种群扩散与迁移廊道

受到保护区内植被演替及其他限制因素影响，有部分华南梅花鹿个体离开保护区向周边地区进行扩散和迁移，对周边原有华南梅花鹿种群进行了种群复壮，加大了基因交流，有利于天目山脉华南梅花鹿种群的健康发展。然而，由于尚未开展保护区周边华南梅花鹿种群调查，保护区华南梅花鹿野外放归工作刚刚开始，放归的个体数量尚少，目前华南梅花鹿扩散方向、主要途径、距离、行为及其性别差异、受胁因素等均未知，不利于其保护和管理。

华南梅花鹿具随季节迁移的习性，暖季通常迁移至中高海拔地区以避开酷暑和蚊虫，冷季则降至低海拔地区寻找食物。此外，3 个相对集中分布的保护区种群是否存在着相互间的个体补充和群体迁移现象？天目山保护区种群和安吉小鲵保护区种群数量相对小，被发现有分布的时间也晚，是否存在着清凉峰保护区种群向这两个保护区定向迁移的现象？是否存在固定的迁移廊道？这些廊道的景观特征亟须进行科学研究。即便不存在这些天然的迁移廊道，为了让 3 个保护区种群个体能够有效进行基因交流，减少基因漂变带来的负面作用，是否可以在合适的地方规划、建设和管理迁移廊道？

## 10.3.4 救护繁育试验场内种群发展

自 2002 年救护幼鹿"倩倩"开始，保护区在千顷塘建立了救护繁育试验场，持续开展了华南梅花鹿种群扩繁的实践和研究工作，达到了留存华南梅花鹿种质资源的目的，为进一步了解华南梅花鹿生活和生态习性、提高保护区华南梅花鹿科研水平奠定了良好基础。在试验场内华南梅花鹿种群得到了持续较快增长，2021 年底种群数量已达到 57 头，远远超过 5.59 头的理论环境容纳量，但也导致植被退化严重，华南梅花鹿不断环剥乔木树皮，致乔木部分死亡。

为解决试验场内华南梅花鹿种群远超环境容纳量问题，主要有两个建议。其一是外引内放。改造网围栏结构，构建葫芦形网围栏，在华南梅花鹿发情、繁殖季节依次有序打开两个葫芦网围栏出入口，使得围栏内华南梅花鹿能够走出围栏，围栏外的野生华南梅花鹿能够进入围栏，达到围栏内外华南梅花鹿基因交流目的，同时也能够使得超过容纳量的围栏内华南梅花鹿个体释放至围栏外，纾解围栏内环境压力。其二是迁地保护。在开展华南梅花鹿栖息地适宜性调查研究和征求当地社区居民同意的基础上，选择适宜开展迁地保护的地区进行华南梅花鹿的麻醉保定、运输和野外放归。野外放归的个体应满足健康、性比和年龄结构方面的要求；对野放个体应佩戴卫星定位项圈，加强其存活、活动强度和扩散范围等方面的监测。

## 10.3.5　野外救护体系建设

截至 2022 年 6 月，据不完全统计保护区收容救护不同年龄阶段的雌雄华南梅花鹿个体共 10 头，积累了丰富的梅花鹿救护经验，积累了大量数据，为华南梅花鹿的收容救护工作奠定了基础。随着绿水青山就是金山银山的理念成为全党全社会的共识和行动，生物多样性保护得到广泛认同和关注，近年来保护区接到野生动物救助任务越来越多，其中不乏华南梅花鹿等中大型野生动物的救助需求。然而，囿于有限的人才储备和资金设备，保护区野生动物救助体系尚未完全建立，在野外伤情判断及紧急处理、体质检测、麻醉保定、安全运输、伤病治疗、动物营养与饲养和野外放归等方面缺乏相应的体系建设，不能完全满足民众的野生动物救护需求。因此，建议保护区以华南梅花鹿的救助和野外放归为突破点，建立、完善保护区乃至周边地区野生动物救助体系，使得受伤受困野生动物能重返大自然。

除了上述问题外，保护区还存在着一定程度的人类活动干扰问题，如"驴友"旅游、盗采药材和花木、盗猎、野猪和梅花鹿采食庄稼等一系列问题。这些问题的解决，都需要保护区加强科研力量，联合相关科研部门及高等院校等制定合理方案进行解决。

# 参 考 文 献

程樟峰，翁东明，俞平新，2012. 浙江清凉峰自然保护区华南梅花鹿保护现状与对策 [J]. 防护林科技 (6)：57-58 + 91.

丛培元，1990. 畜禽群系的亲缘系数与近交系数 [J]. 辽宁畜牧兽医 (03)：25-27.

董良钜，游卫云，周圻，等，2009. 清凉峰自然保护区华南梅花鹿采食研究 [J]. 浙江林业科技，29 (4)：41-46.

冯明亮，季芸，陆琼，等，2002. 用多重 PCR 检测上海地区汉族人群 9 个 STR 基因座的多态性 [J]. 遗传，24 (4)：403-406.

付义强，2006. 桃红岭保护区梅花鹿的种群数量、社群结构、生境利用及声音通讯行为 [D]. 南充：西华师范大学.

付义强，胡锦矗，2009. 华南梅花鹿主雄的社会行为初步研究 [J]. 四川动物，28 (3)：401-402.

付义强，胡锦矗，郭延蜀，等，2006. 桃红岭自然保护区梅花鹿对春季栖息地的利用 [J]. 动物学杂志，41 (2)：60-63.

付义强，胡锦矗，朱欢兵，等，2008. 华南梅花鹿声音通讯行为的初步研究 [J]. 四川动物，27 (2)：266-268.

高依敏，2007. 江西桃红岭野生梅花鹿生态习性调查 [J]. 江西畜牧兽医杂志 (6)：65-66.

郭瑞，姜朝阳，翁东明，等，2013. 清凉峰国家级自然保护区珍稀濒危植物及其保护 [J]. 浙江林业科技，33 (3)：105-108.

郭延蜀，2000. 四川梅花鹿的分布、数量及栖息环境的调查 [J]. 兽类学报 (2)：81-87.

郭延蜀，2002. 铁布自然保护区梅花鹿食物蕴藏量与负载量的测定 [J]. 兽类学报，22：256-263.

郭延蜀，2003. 四川梅花鹿的昼夜活动节律与时间分配 [J]. 兽类学报，23：104-108.

郭延蜀，郑慧珍，1992. 中国梅花鹿地理分布的变迁 [J]. 四川师范学院学报 (自然科学版) (1)：1-9.

郭延蜀，郑惠珍，2000. 中国梅花鹿地史分布、种和亚种的划分及演化历史 [J]. 兽类学报 (3)：168-179.

郭延蜀，郑慧珍，2005. 四川梅花鹿生命表和种群增长率的研究 [J]. 兽类学报，25：150-155.

郭倬甫，陈恩渝，王酉之，1978. 梅花鹿的一新亚种——四川梅花鹿 [J]. 动物学报，24 (2)：187-191.

何颖，王军，李霞，郭政，1994. 亲缘系数与近交系数的计算 [J]. 数理医药学杂志

（3）：249-250.

何业恒，1980. 湖南历史上的野生梅花鹿考［J］. 湘潭师范学院学报（社会科学版）（Z1）：122-129.

蒋志刚，2009. 江西桃红岭梅花鹿国家级自然保护区生物多样性研究［M］. 北京：清华大学出版社.

蒋志刚，徐向荣，刘武华，等，2012. 桃红岭国家级自然保护区梅花鹿种群现状［J］. 野生动物，33（6）：305-308＋332.

蒋志刚，马勇，吴毅，等，2015. 中国哺乳动物多样性［J］. 生物多样性，23：351-364.

刘策，张日，杜海荣，等，2021. 气候变化对中国梅花鹿潜在栖息地影响［J］. 野生动物学报，42（2）：329-340.

刘海，杨光，魏辅文，等，2003. 中国大陆梅花鹿 mtDNA 控制区序列变异及种群遗传结构分析［J］. 动物学报，49（1）：53-601.

刘建，2007. 桃红岭梅花鹿的食物与生境选择及计划性火烧对梅花鹿生境的影响［D］. 北京：中国科学院研究生院；中国科学院动物研究所.

刘培源，白秀娟，2005. 应用微卫星 DNA 标记进行梅花鹿亲子鉴定［C］//全国动物遗传育种学术讨论会. 北京：中国畜牧兽医学会；中国遗传学会.

刘武华，余斌，2010. 江西桃红岭国家级自然保护区梅花鹿种群动态及保护对策［J］. 江西科学，28（4）：458-460

刘周，周虎，郭瑞，等，2020. 浙江清凉峰国家级自然保护区华南梅花鹿栖息地内人为干扰类型及时空分布格局［J］. 兽类学报，40（4）：355-363.

吕杨，宋超，刘媛媛，等，2016. 基于 16S rRNA 基因部分序列的长江口虾虎鱼科鱼类系统分类［J］. 海洋渔业，38（1）：17-25.

马继飞，张恩迪，章叔岩，等，2004. 清凉峰自然保护区梅花鹿秋季对栖息地利用的初步分析［J］. 动物学杂志，39（5）：35-39.

马继飞，2005. 浙西清凉峰自然保护区梅花鹿对栖息地选择的季节变化［D］. 上海：华东师范大学.

马逸清，1986. 黑龙江省动物志［M］. 哈尔滨：黑龙江人民出版社.

孟莉英，徐荣章，2003. 临安野生梅花鹿的历史变迁、现状及保护［J］. 杭州师范学院学报（自然科学版）（5）：38-41＋57.

牛莹莹，2021. 老爷岭南部野生东北梅花鹿（Cervus Nippon hortulorum）种群现状及栖息地适宜性评价研究［D］. 黑龙江：东北林业大学.

裴红罗，姚新奎，王运圣，2003. 一种计算近交系数方法的算法实现［J］. 新疆农业大学学报（1）：44-47.

热木图拉·阿卜杜克热木，孜拉吉古丽·西克然木，宁礼群，等，2015. 利用微卫星标记分析天山马鹿两个圈养种群遗传多样性［J］. 中国畜牧兽医，42（9）：2436-2443.

苏杰，孙伟，李云霞，等，2013. 克隆清原马鹿的微卫星鉴定［J］. 中国草食动物科学，33（2）：12-14.

田丽，2007. 中国梅花鹿的发展状况及保护对策［J］. 湛江师范学院学报（6）：91-95.

盛和林，1992. 中国鹿科动物［J］. 生物学通报，5：2.

盛和林，1992. 中国鹿类动物［M］. 上海：华东师范大学出版社.

盛和林，1999. 中国野生哺乳动物［M］. 北京：中国林业出版社.

孙儒泳，2001. 动物生态学原理［M］. 北京：北京师范大学出版社.

王林，2018. 江西桃红岭梅花鹿国家级自然保护区梅花鹿栖息地优化对策建议［J］. 河北林业科技（1）：3.

王孝义，李明丽，胡伟，等，2017. 基于 SNP 的基因组近交系数衡量群体遗传多样性的准确性［J］. 云南农业大学学报（自然科学），32（5）：811-817.

王燕丽，徐宁迎，2005. 金华猪个体近交系数的估计方法［J］. 畜牧与兽医（12）：25-27.

王燕丽，徐宁迎，2006. 利用微卫星遗传标记估计金华猪个体间的亲缘关系［J］. 中国畜牧杂志（09）：7-9.

王志刚，吴建平，刘丑生，等，2010. 应用微卫星标记分析中国地方山羊瓶颈效应［J］. 畜牧兽医学报，41（6）：664-670.

伍革民，许晓风，章熙霞，等，2008. 利用微卫星 PCR 技术分析山猪的遗传结构［J］. 云南农业大学学报（1）：79-83.

吴华，2002. 梅花鹿保护遗传学研究［D］. 杭州：浙江大学.

吴华，胡杰，万秋红，等，2008. 梅花鹿的微卫星多态性及种群的遗传结构［J］. 兽类学报（02）：109-116.

肖治术，李欣海，姜广顺，2014. 红外相机技术在我国野生动物监测研究中的应用［J］. 生物多样性，22（6）：683-684.

邢炳鹏，林汝榕，王彦国，等，2016. 基于 CO I 基因的厦门海域鱼类 DNA 条形码鉴定［J］. 应用海洋学学报，35（1）：144-150.

徐爱春，斯幸峰，王彦平，等，2014. 千岛湖片段化栖息地地栖哺乳动物的红外相机监测及最小监测时长［J］. 生物多样性，22（6）：764-772.

徐宏发，陆厚基，盛和林，等，1998. 华南梅花鹿的分布和现状［J］. 生物多样性，6（2）：87-91.

严丽，1983. 江西彭泽发现梅花鹿［J］. 野生动物学报（03）：40.

杨月伟，章叔岩，程爱兴，等，2002. 华南梅花鹿冬春季栖息地的特征［J］. 东北林业大学学报，30（6）：57-60.

尹君，张明海，谢绪昌，2007. STR 在野生东北马鹿个体识别中的应用［J］. 野生动物（3）：42-44.

游卫云，董良钜，于江傲，等，2007. 清凉峰华南梅花鹿冬季食物资源特征研究［J］. 浙江林业科技，27（6）：13-16.

余建秋，王强，刘选珍，等，2010. 基于微卫星位点的人工圈养豚鹿亲子关系鉴定［J］. 兽类学报，30（2）：200-204.

于江傲，鲁庆彬，刘长国，等，2006. 清凉峰自然保护区华南梅花鹿种群数量与分布研究［J］. 浙江林业科技，26（5）：1-4.

章书声，2013. 红外相机技术在古田山兽类资源监测中的应用［D］. 杭州：浙江师范大学.

章叔岩，鲁庆彬，翁东明，等，2007. 半圈养雌性华南梅花鹿生长发育研究［J］. 黑龙江畜牧兽医（1）：99-100.

章叔岩，郭瑞，刘伟，等，2016. 华南梅花鹿研究现状及展望［J］. 浙江林业科技，36（2）：90-94.

赵成，李艳红，石琴，等，2020. 四川铁布梅花鹿自然保护区梅花鹿夏季栖息地选择［J］. 四川动物，39（1）：56-62.

赵方，伍新尧，蔡贵庆，等，2003. Modified-Powerstates 软件在法医生物统计中应用［J］. 中国法医学杂志（05）：297-298＋312.

张辉，张明海，罗理扬，2010. 黑龙江省完达山东部林区马鹿微卫星位点的筛选［J］. 野生动物，31（2）：59-62＋68.

张守纯，姜盼盼，宣之兴，等，2010. 应用 PCR-STR 技术进行东北马鹿亲子鉴定［J］. 黑龙江畜牧兽医（13）：159-160.

张馨月，刘岩，张秀梅，等，2014. 基于 CO I 基因的西南大西洋部分经济鱼类 DNA 条形码鉴定［J］. 水生生物学报，38（6）：1161-1167.

郑小东，马媛媛，程汝滨，2015. 线粒体 DNA 标记在头足纲动物分子系统学中的应用［J］. 水产学报，39（2）：294-303.

郑秀芬，2002. 法医 DNA 分析［M］. 北京：中国人民公安大学出版社.

周绍春，梁卓，金光耀，等，2018. 黑龙江老爷岭东北虎国家级自然保护区梅花鹿种群数量及分布研究［J］. 林业科技，43（4）：1-3.

诸葛阳，1989. 浙江动物志（兽类）［M］. 杭州：浙江科学技术出版社.

孜拉吉古丽·西克然木，热沙来提·吐尔地，布左拉·吐尔逊，等，2014. 新疆天山马鹿（Cervus elaphus songaricus）南山种群遗传多样性研究［J］. 干旱区资源与环境，12（6）：132-137.

AGETSUMA N，SUGIURA H，HILL D A，et al.，2003. Population density and group composition of Japanese sika deer（Cervus nippon yakushimae）in an evergreen broad - leaved forest in Yakushima，southern Japan［J］. Ecological Research，18：475-483.

BHATTACHARYA M，SHARMA A R，PATRA B C，et al.，2016. DNA barcoding to fishes：current status and future directions［J］. Mitochondrial Dna A Dna Mapp Seq Anal，27（4）：2744-2752.

BROOKS T M, MITTERMEIER R A, DA FONSECA G A, et al. , 2006. Global biodiversity conservation priorities [J]. Science, 313: 58-61.

BUTCHART S H, WALPOLE M, COLLEN B, et al. , 2010. Global biodiversity: indicators of recent declines [J]. Science, 328: 1164-1168.

CORNUET J M, LUIKART G, 1996. Description and power analysis of two tests for detecting recent population bottlenecks from allele frequency data [J]. Genetics, 144: 2001-2014.

DOMINY N, DUNCAN B, 2001. GPS and GIS methods in an African rain forest: applications to tropical ecology and conservation [J]. Conservation Ecology, 5: 6.

DONG Z, WANG Z, LIU D, et al. , 2013. Assessment of habitat suitability for waterbirds in the West Songnen Plain, China, using remote sensing and GIS [J]. Ecological Engineering, 55: 94-100.

ELMQVIST T, ZIPPERER W, GÜNERALP B, 2016. Urbanization, habitat loss, biodiversity decline: solution pathways to break the cycle [M] // In Seto K, Solecki W, Griffith C. editors. The Routledge Handbook of Urbanization and Global Environmental Change. London: Routledge.

ENDO A, DOI T, 1996. Home range of female sika deer *Cervus nippon* on Nozaki Island, the Goto Archipelago, Japan [J]. Mammal Study, 21: 27-35.

FORTUNA M A, BASCOMPTE J, 2006. Habitat loss and the structure of plant‐animal mutualistic networks [J]. Ecology Letters, 9: 281-286.

GRINNELL J, 1917. The niche-relationships of the California Thrasher [J]. The Auk, 34: 427-433.

GROOMBRIDGE B, 1993. 1994 IUCN Red List of threatened animals [J]. Gland, Switzerland, International Union for Conservation of Nature and Natural Resources IUCN.

GROVES C, GRUBB P, 2011. Ungulate Taxonomy [M]. Baltimore: Johns Hopkins University Press.

HAEGEMAN B, ETIENNE R S, 2010. Entropy maximization and the spatial distribution of species [J]. American Naturalist , 175: E74.

HIRZEL A H, LE LAY G, 2008. Habitat suitability modelling and niche theory [J]. Journal of Applied Ecology, 45: 1372-1381.

IMAM E, 2017. Habitat Suitability Modelling for Sambar (Rusa unicolor): A Remote Sensing and GIS Approach [M]. Berlin: Springer International Publishing.

IRMA, P, PAULAUSKA A, 2016. Genetic Diversity of the Sika Deer Cervus Nippon in Lithuania [J]. Balkan Journal of Wildlife Research: 3.

KAUFFMAN MJ, SANJAYAN M, LOWENSTEIN J, et al. , 2007. Remote camera-trap methods and analyses reveal impacts of rangeland management on Namibian carnivore communities [J]. Oryx, 41: 70-78.

LI H, WU J, 2004. Use and misuse of landscape indices [J]. Landscape Ecology, 19: 389-399.

LI M, JU Y, SUNIL K, et al., 2008. Modeling potential habitat for alien species of *Dreissena polymorpha* in the continental USA [J]. Acta Ecologica Sinica, 28: 4253-4258.

LILLESAND T, KIEFER R W, CHIPMAN J, 2015. Remote sensing and image interpretation [M]. Hoboken: John Wiley & Sons.

LUO J, MONAMY V, FOX B J, 1998. Competition between Two Australian Rodent Species: A Regression Analysis [J]. Journal of Mammalogy, 9: 962-971.

Lu X P, WEI F W, LI M, et al., 2006. Genetic diversity among Chinese sika deer (*C. nippon*) populations and relationships between Chinese and Japanese sika deer [J]. Chin Sci Bull, 5 (4): 292-298.

MARTIN J, CHAMAILLÉ-JAMMES S, NICHOLS J D, et al., 2010. Simultaneous modeling of habitat suitability, occupancy, and relative abundance: African elephants in Zimbabwe [J]. Ecological Applications, 20: 1173-1182.

MORRISON M L, MARCOT B G, MANNAN W, 2007. Wildlife-habitat relationship: concepts and applications [J]. Journal of Range Management, 57: 980-981.

MORRISON M L, MARCOT B, MANNAN W, 2012. Wildlife-habitat relationships: concepts and applications [M]. Island Press.

NAGALAKSHMI K, ANNAM P K, VENKATESHWARLU G, et al., 2016. Mislabeling in Indian seafood: An investigation using DNA barcoding [J]. Food Control, 59: 196-200.

NORIYUKI O, GAO Y T, 1990. A review of the distribution of all species of deer (Tragulidae, Moschidae and Cervidae) in China [J]. Mam Rev (20): 125-144.

O' CONNELL AF, NICHOLS JD, KARANTH KU, 2011. Camera Traps in Animal Ecology: Methods and Analyses [M]. New York: Springer-Verlag.

OCONNELL T J, 2011. Wildlife-Habitat Relationships: Concepts and Applications. Third Edition. M. L. Morrison, B. G. Marcot, and R. W. Mannan [J]. Journal of Wildlife Management, 73: 169-171.

OHNISHI N, MINAMI M, NISHIYA R, et al., 2009. Reproduction of female sika deer in Japan, with special reference to Kinkazan Island, northern Japan Sika Deer [M]. Tokyo: Springer: 101-110.

OKADA A, TAMATE H B, 2000. Pedigree Analysis of the Sika Deer (Cervus nippon) using Microsatellite Markers [J]. Zoological Science, 17: 335-340.

TAMATE H B, OKADA A, MINAMI M, et al., 2000. Genetic Variations Revealed by Microsatellite Markers ina Small Population of the Sika Deer (Cervus nippon) on Kinkazan Island, Northern Japan [J]. Zoolog Sci, 17: 47-53.

ROWCLIFFE JM, FIELD J, TURVEY ST, et al., 2008. Estimating animal density using camera traps without the need for individual recognition [J]. Journal of Applied Ecology, 45: 1228-1236.

SI X, KAYS R, DING P, 2014. How long is enough to detect terrestrial animals? Estimating the minimum trapping effort on camera traps [J]. PeerJ, 2: e374.

STACHURA-SKIERCZYŃSKA K, TUMIEL T, SKIERCZYŃSKI M, 2009. Habitat prediction model for three-toed woodpecker and its implications for the conservation of biologically valuable forests [J]. Forest Ecology & Management, 258: 697-703.

TAKATSUKI S, 1992. A case study on the effects of a transmission-line corridor on Sika deer habitat use at the foothills of Mt Goyo, northern Honshu, Japan [J]. Ecological Research, 7: 141-146.

Tobler MW, Carrillo-Percastegui SE, Leite Pitman R, et al., 2008. An evaluation of camera traps for inventorying large- and medium-sized terrestrial rainforest mammals [J]. Animal Conservation, 11: 169-178.

WANG X, BLANCHET F G, KOPER N, 2014. Measuring habitat fragmentation: an evaluation of landscape pattern metrics [J]. Methods in Ecology and Evolution, 5: 634-646.

WARD P I, PORTER A H, 1993. The relative roles of habitat structure and male-male competition in the mating system of *Gammarus pulex* (Crustacea; Amphipoda): A simulation study. [J]. Animal Behaviour, 45: 119-133.

Whitehead G K, 1993. The Whitehead Encyclopedia of Deer [M]. The Deer Study & Resouece Centre, Swan Hill Press.

WU H, WAN Q H, FANG S G, 2004. Two genetically distinct units of the Chinese sika deer (*C. nippon*): analyses of mitochondrial DNA variation [J]. Biol Conserv, 119 (2): 183-190.

WU H, WAN Q H, FANG S G, et al., 2005. Application of mitochondrial DNA sequence analysis in the forensic identification of Chinese sika deer subspecies [J]. Forens Sci Int, 148 (2-3): 101-105.

YANG W, ZHENG J, JIA B, et al., 2018. Yang. Isolation of novel microsatellite markers and their application for genetic diversity and parentage analyses in sika deer [J]. Gene, 643: 68-73.

YOKOYAMA M, KAJI K, SUZUKI M, 2000. Food habits of sika deer and nutritional value of sika deer diets in eastern Hokkaido, Japan [J]. Ecological Research, 15: 345-355.

ZANE L, BARGELLONI L, PATARNELLO T, 2010. Strategies for microsatellite isolation: a review [J]. Molecular Ecology, 11: 1-16

ZHAI J C, LIU W S, YIN Y J, et al., 2017. Analysis on Genetic Diversity of Reindeer (Rangifer tarandus) in the Greater Khingan Mountains Using Microsatellite Markers [J]. Zoological Studies: 56.

# 华南梅花鹿及其栖息地

## 1. 华南梅花鹿

华南梅花鹿雄性

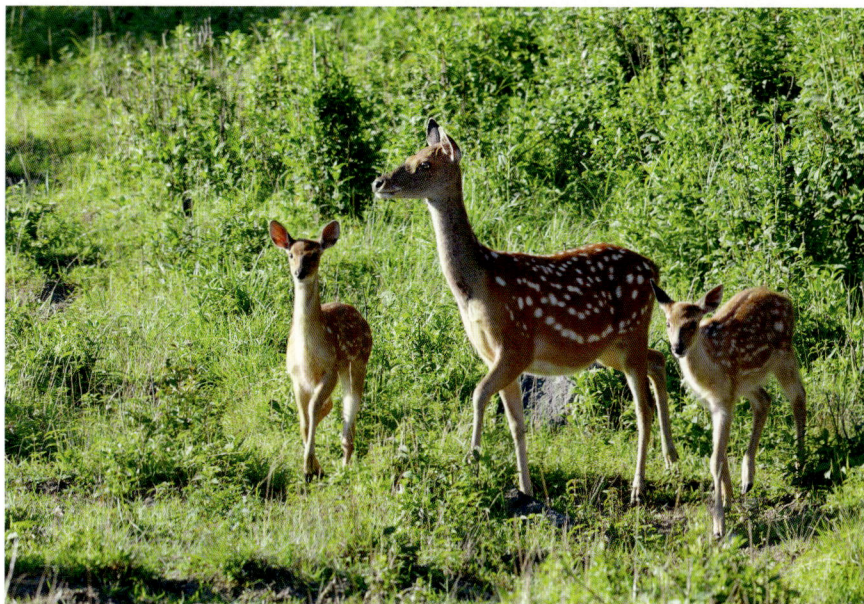

华南梅花鹿雌性

华南梅花鹿雄性个体及其栖息地

华南梅花鹿雌性个体及其栖息地

台湾梅花鹿雄性个体（吴健毓/摄）

台湾梅花鹿雌性个体（吴健毓/摄）

## 2. 华南梅花鹿雌雄幼体与亚成体

华南梅花鹿雄性个体

华南梅花鹿雌性个体

华南梅花鹿雄性亚成体

华南梅花鹿成年雌性及雌性亚成体

华南梅花鹿幼崽

华南梅花鹿幼崽

## 3. 四季中的华南梅花鹿

春季华南梅花鹿雄性个体鹿茸开始生长

夏季华南梅花鹿

秋季华南梅花鹿雄性个体为交配做好准备

冬季华南梅花鹿

## 4. 华南梅花鹿栖息地

华南梅花鹿栖息地——高山草甸

千顷塘华南梅花鹿主要栖息地

大坪溪华南梅花鹿主要栖息地

高海拔区域梅花鹿主要栖息地

华南梅花鹿栖息地——低矮灌木林

华南梅花鹿栖息地——高海拔针阔混交林

华南梅花鹿栖息地——落叶阔叶林

栖息地恢复后的华南梅花鹿活动情况

## 5. 华南梅花鹿伴生物种

野猪

小麂

猪獾

华南兔

豪猪

鬣羚

黄鼬

白颈长尾雉

环颈雉

灰胸竹鸡

勺鸡

斑鸠

山斑鸠

紫啸鸫

灰头绿啄木鸟

棕噪鹛

丘鹬

# 华南梅花鹿栖息地研究

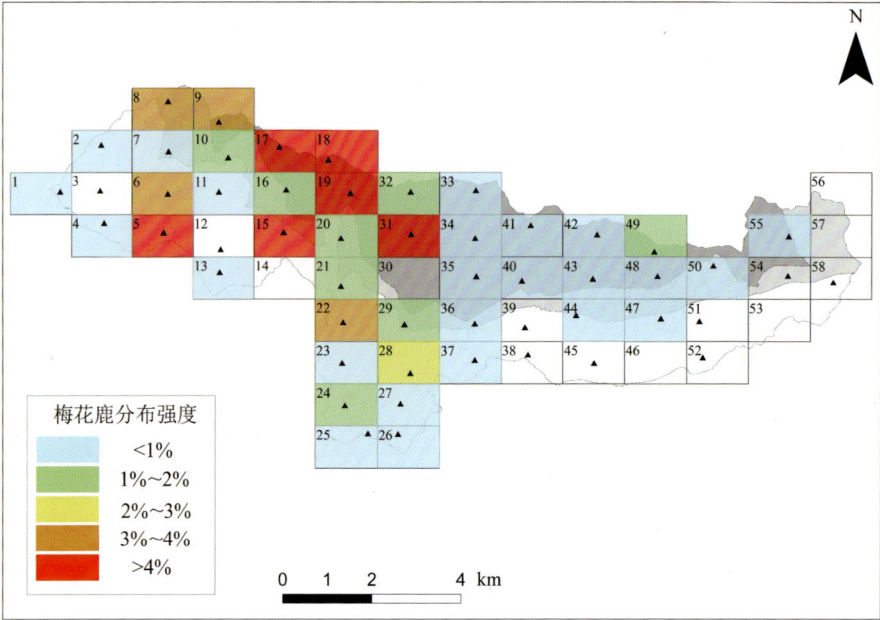

彩图 1　2015 年千顷塘保护片区华南梅花鹿监测位点和分布

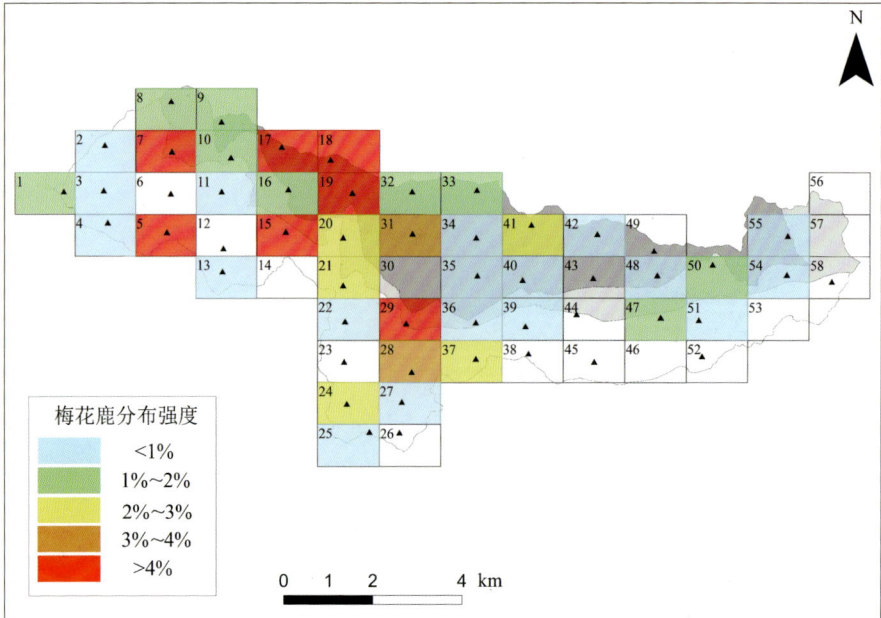

彩图 2　2016 年千顷塘保护片区华南梅花鹿监测位点和分布

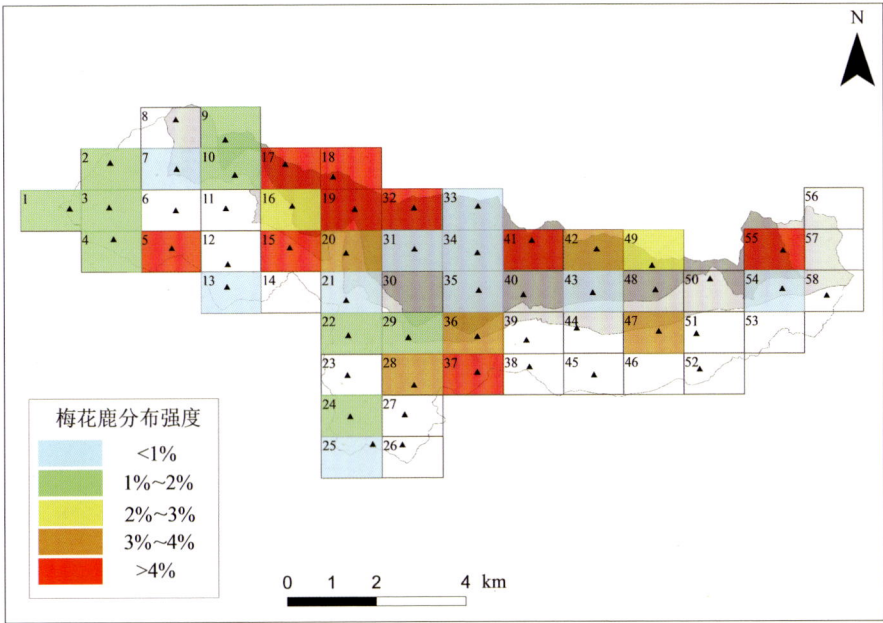

彩图 3　2017 年千顷塘保护片区华南梅花鹿监测位点和分布

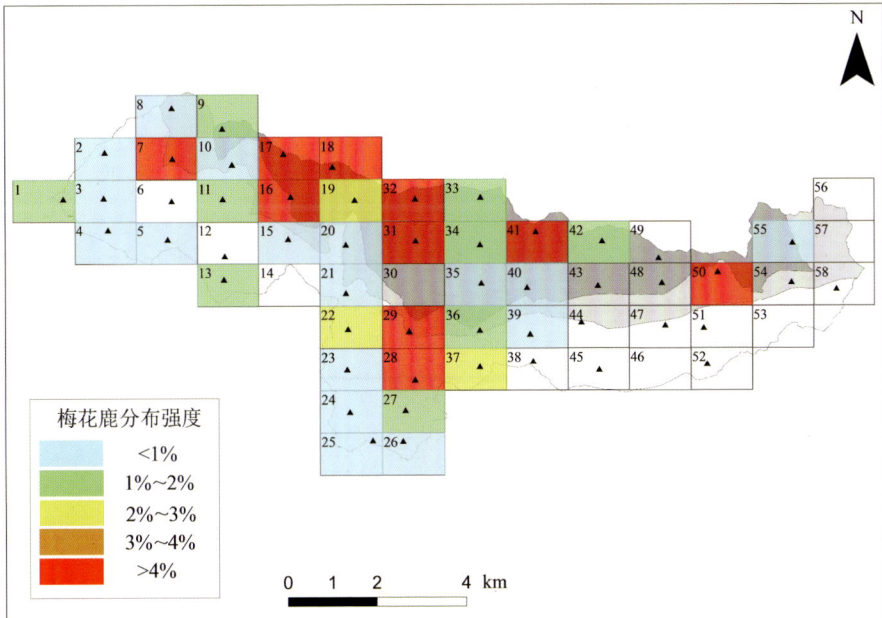

彩图 4　2018 年千顷塘保护片区华南梅花鹿监测位点和分布

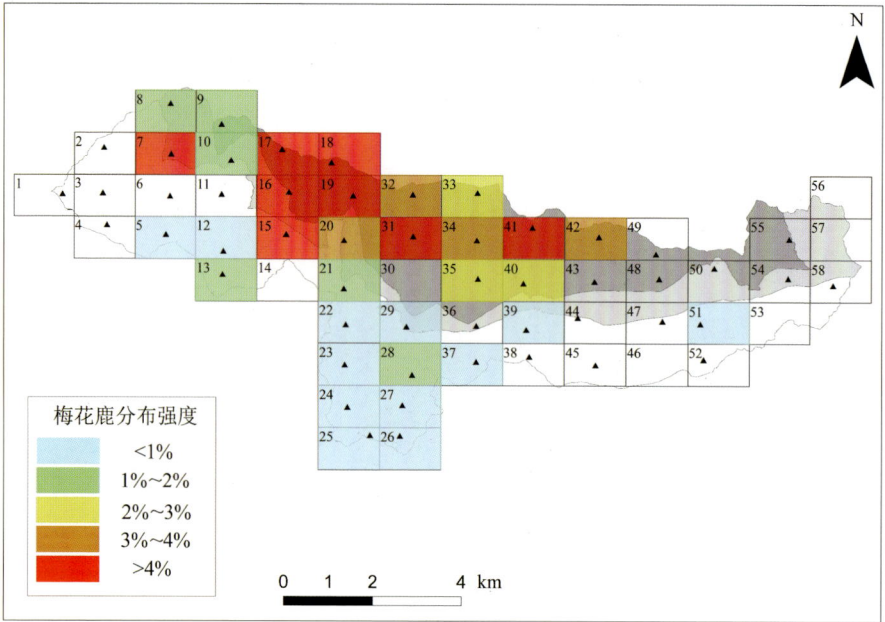

彩图 5  2019 年千顷塘保护片区华南梅花鹿监测位点和分布

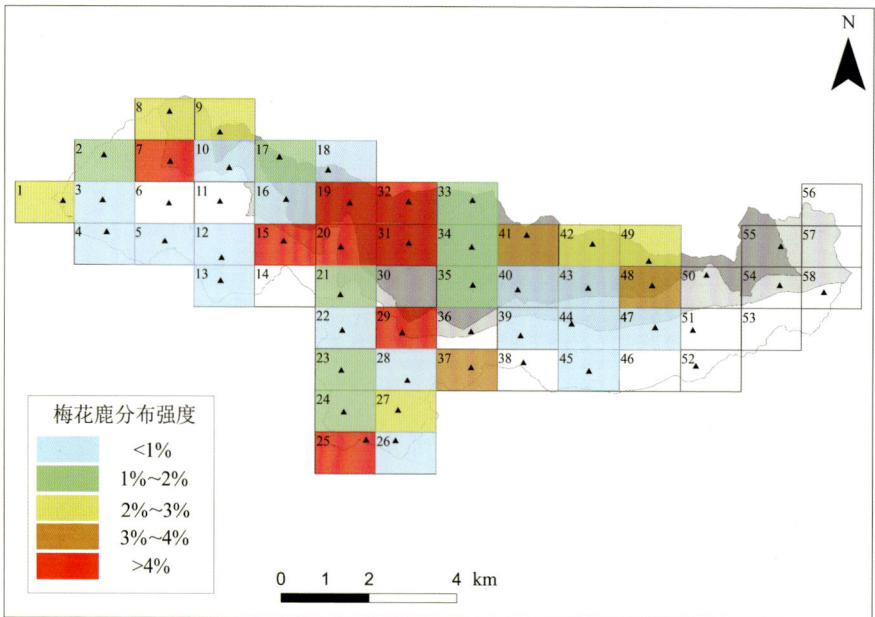

彩图 6  2020 年千顷塘保护片区华南梅花鹿监测位点和分布

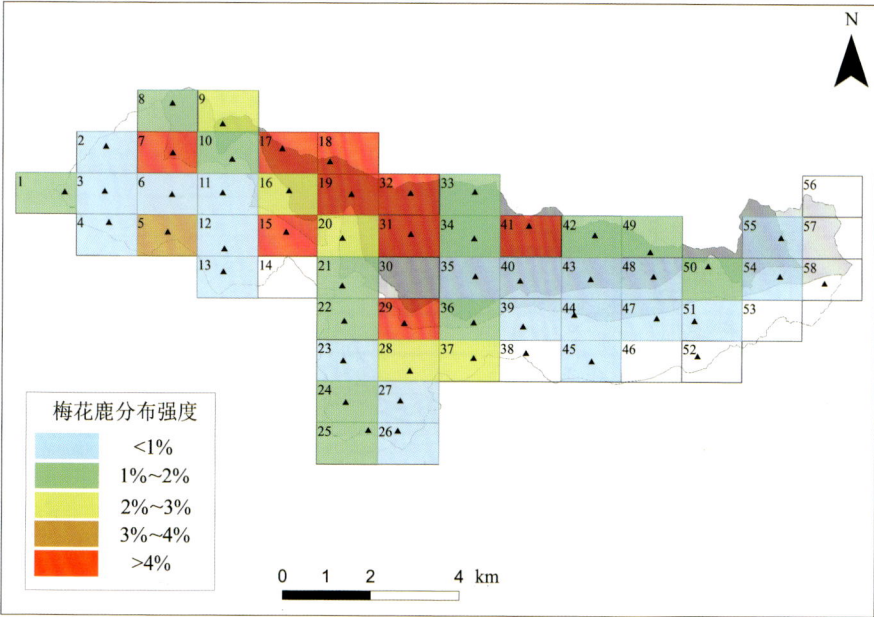

彩图7　千顷塘保护片区华南梅花鹿分布强度

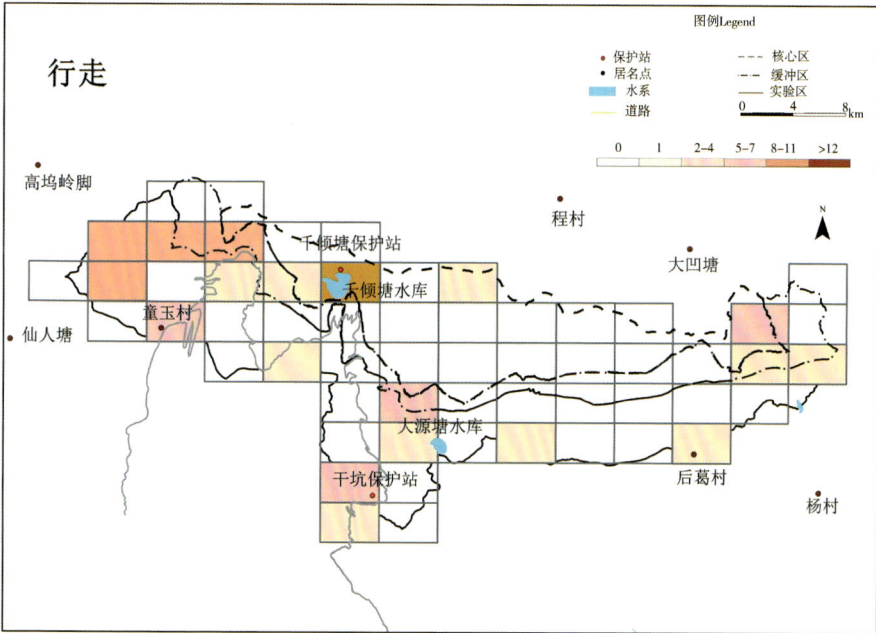

彩图8　千顷塘保护片区干扰分布示意（行走）

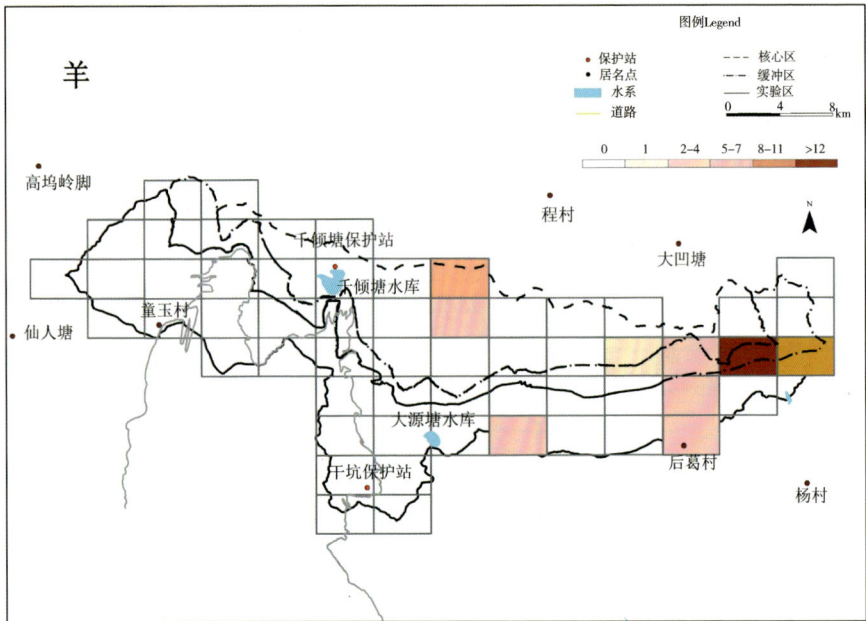

彩图 13　千顷塘保护片区干扰分布示意（羊）

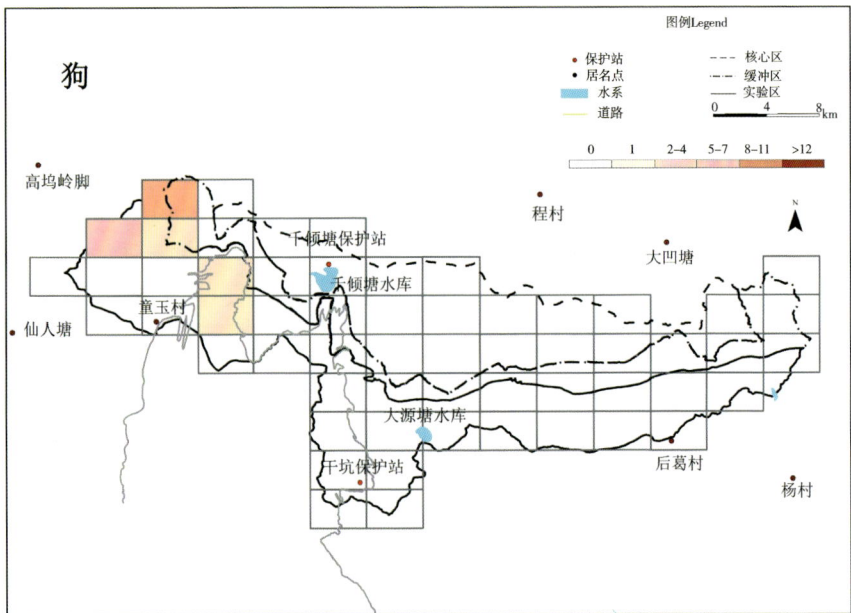

彩图 14　千顷塘保护片区干扰分布示意（狗）

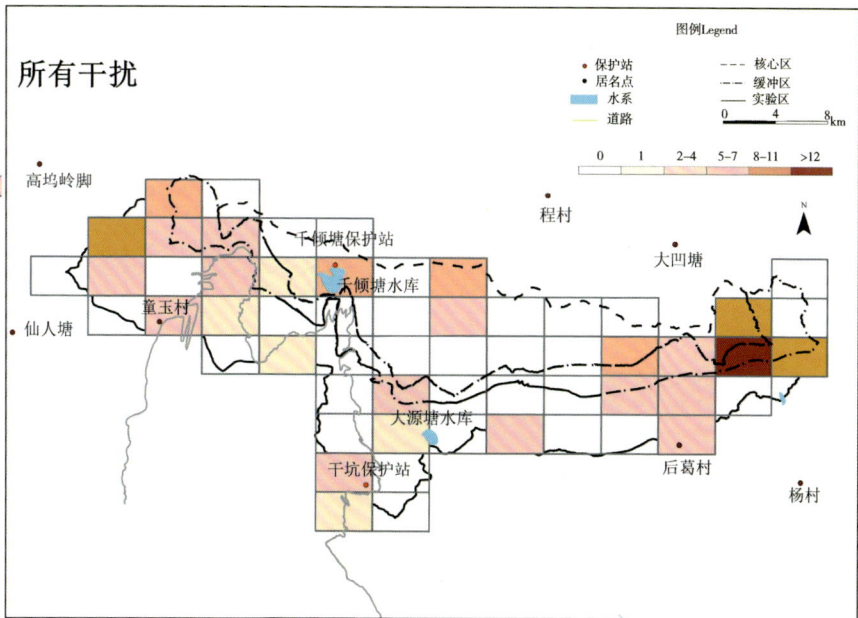

彩图15　千顷塘保护片区干扰分布示意（所有干扰）

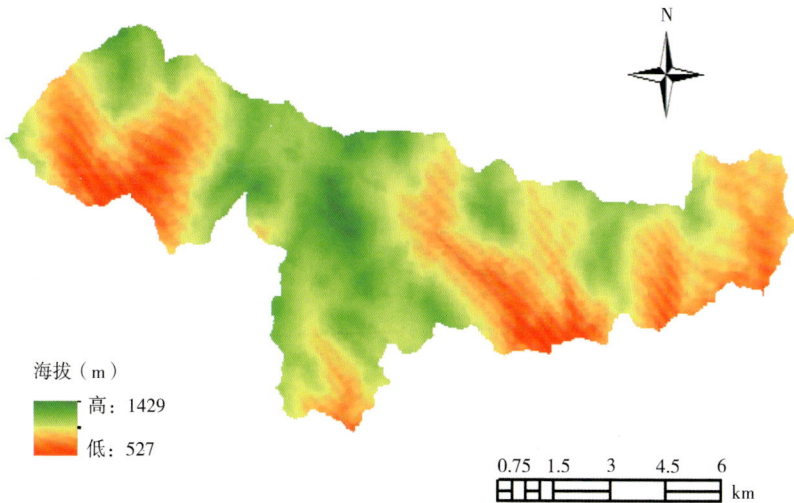

彩图16　千顷塘保护片区海拔梯度

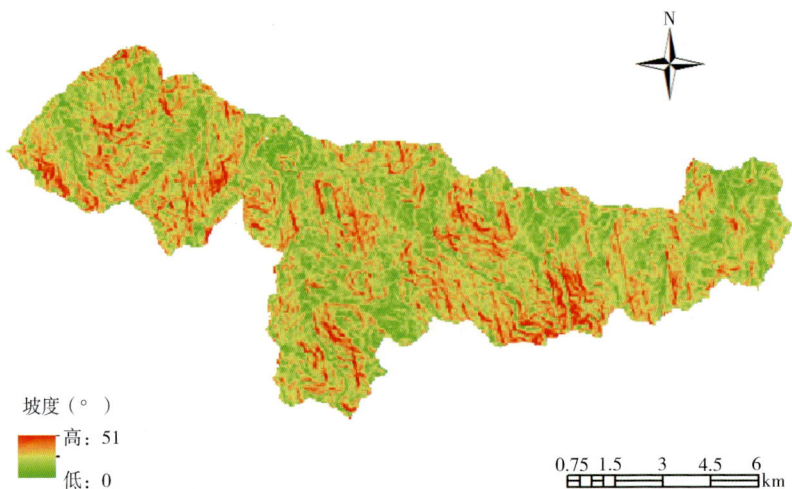

坡度（°）

高：51

低：0

0.75 1.5　　3　　4.5　　6
km

彩图17　千顷塘保护片区坡度变化

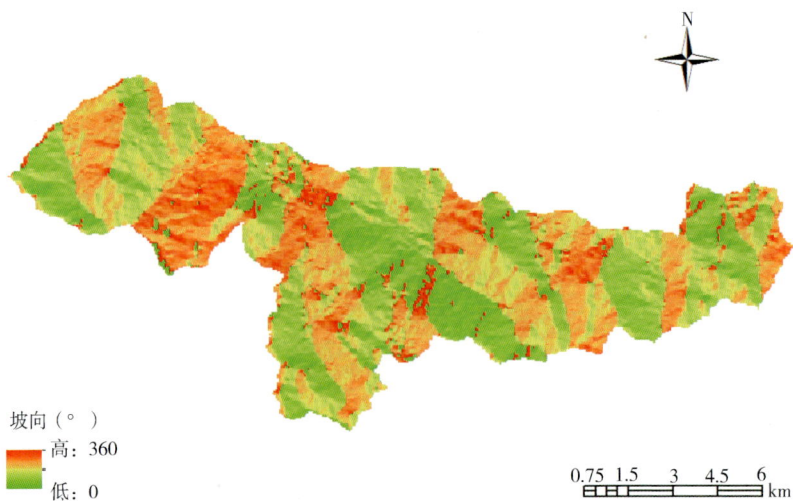

坡向（°）

高：360

低：0

0.75 1.5　　3　　4.5　　6
km

彩图18　千顷塘保护片区坡向

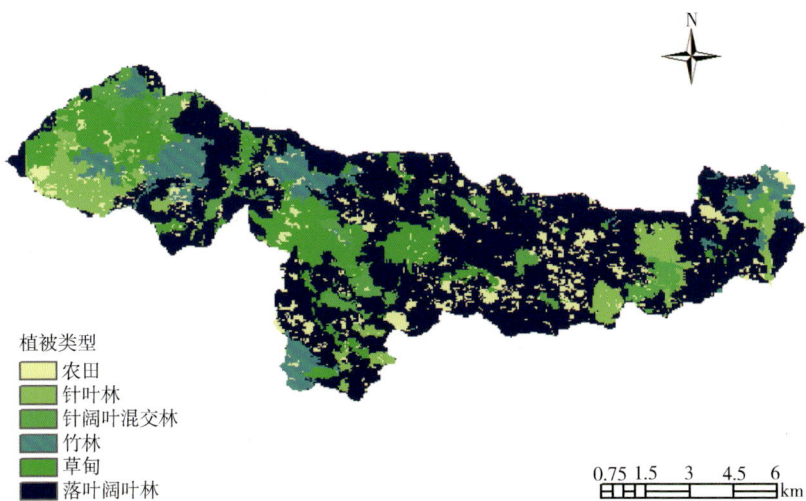

彩图19　千顷塘保护片区植被类型

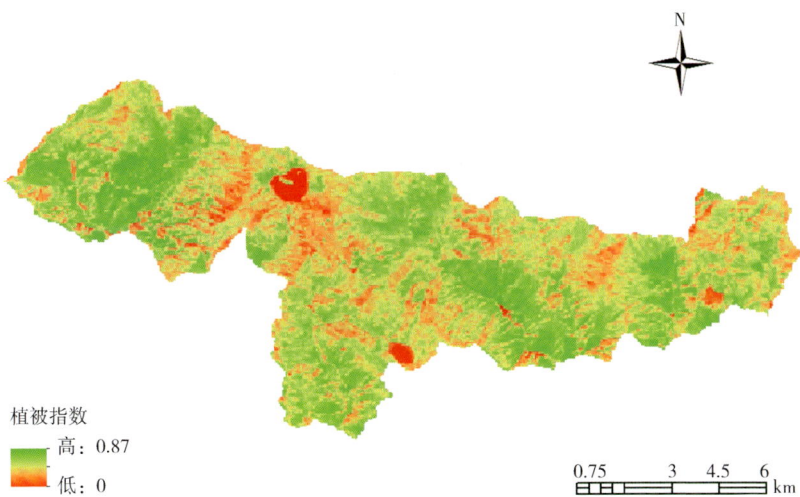

彩图20　千顷塘保护片区归一化植被指数

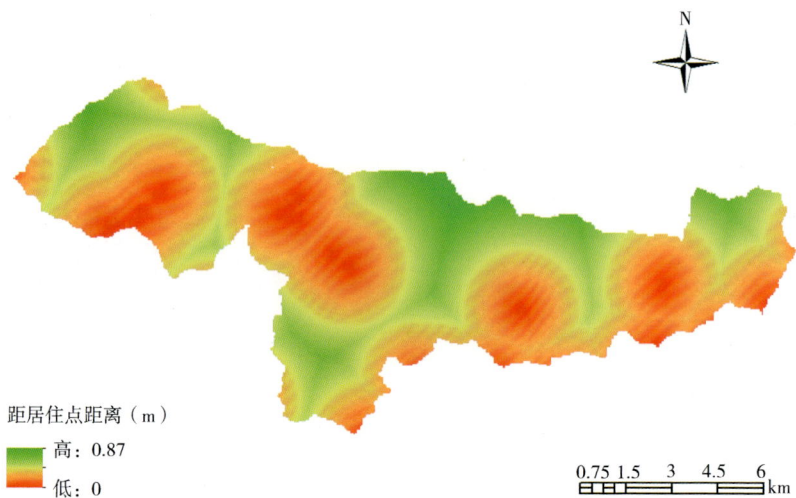

距居住点距离（m）

高：0.87

低：0

彩图 21　千顷塘保护片区距居民点距离梯度

0.75 1.5　3　4.5　6
km

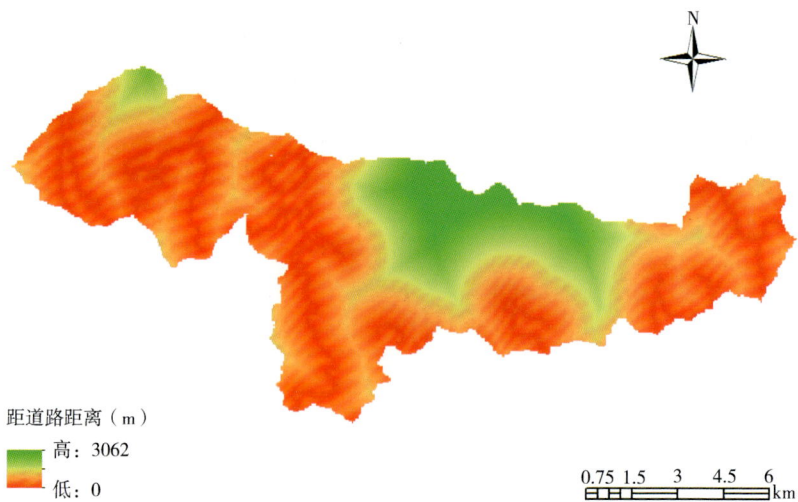

距道路距离（m）

高：3062

低：0

彩图 22　千顷塘保护片区距道路距离

0.75 1.5　3　4.5　6
km

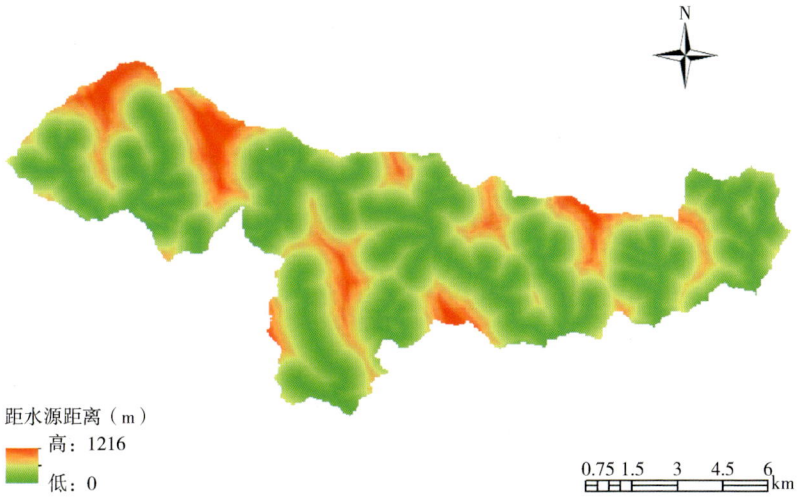

距水源距离（m）

高：1216

低：0

0.75 1.5　3　4.5　6
km

彩图 23　千顷塘保护片区距水源距离

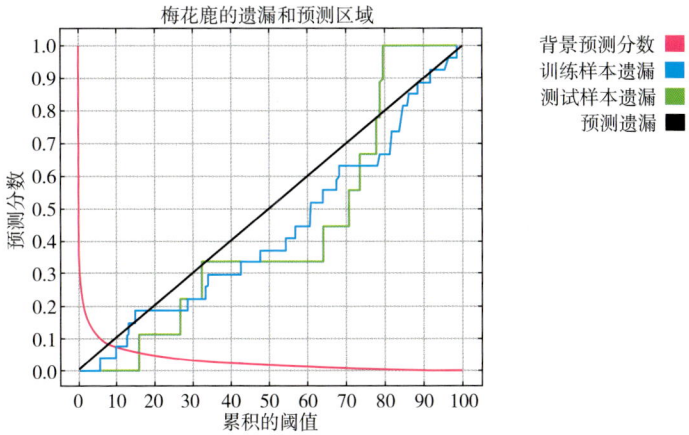

梅花鹿的遗漏和预测区域

背景预测分数
训练样本遗漏
测试样本遗漏
预测遗漏

预测分数

累积的阈值

彩图 24　忽略率曲线

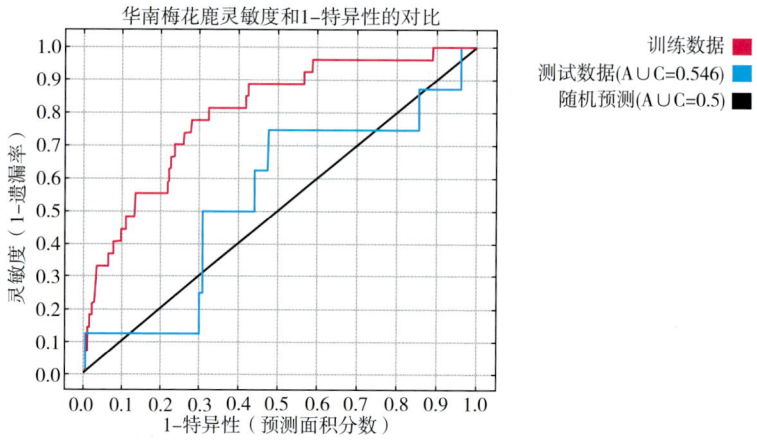

彩图 25　千顷塘保护片区栖息地评价 ROC 曲线

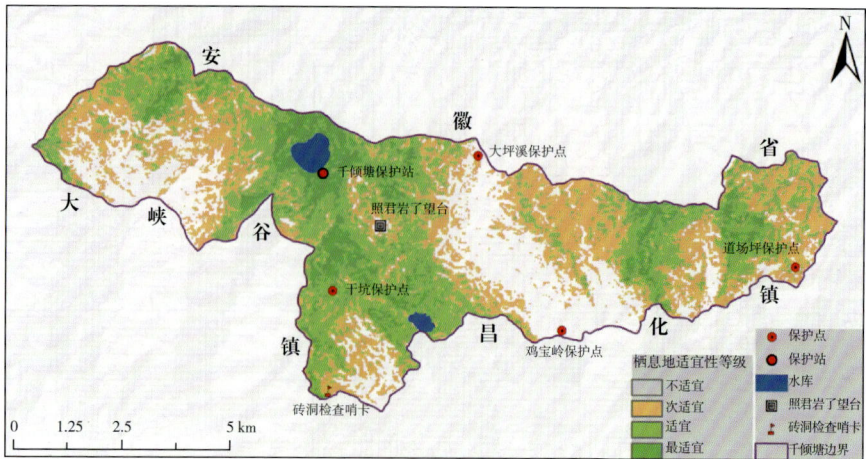

彩图 26　清凉峰保护区千顷塘保护片区华南梅花鹿栖息地适宜性评价

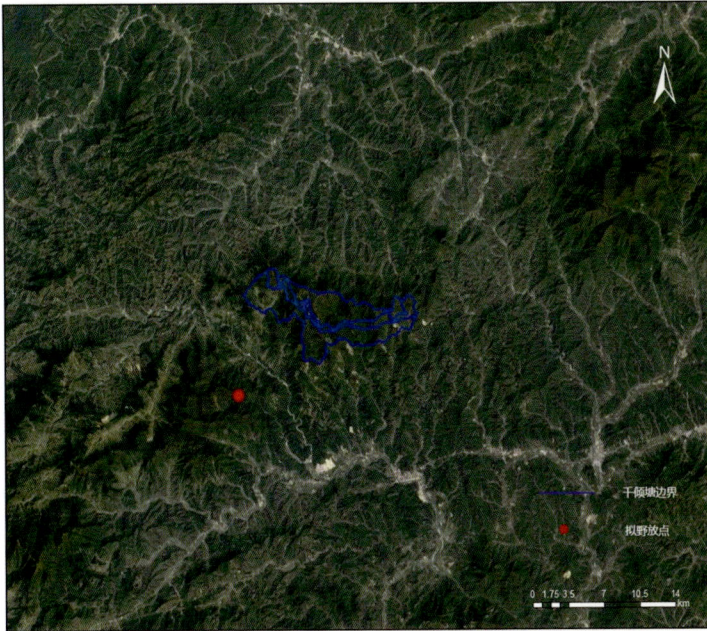

彩图 27　研究区域

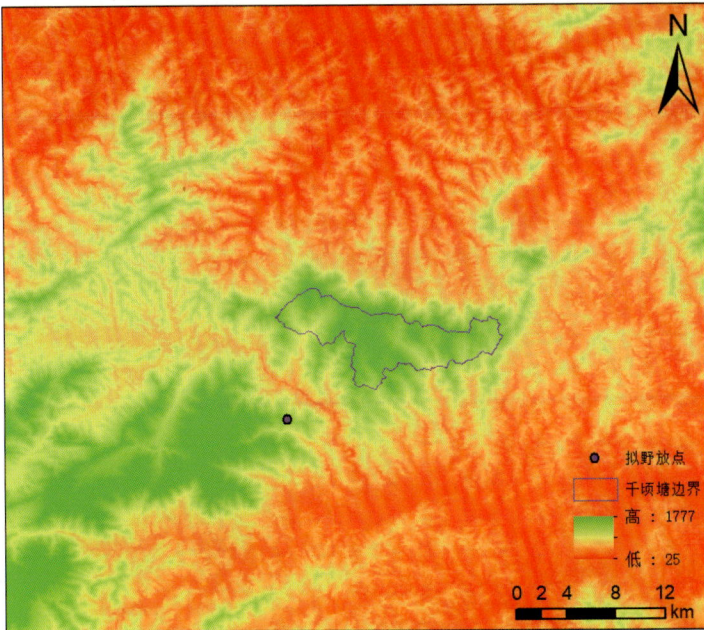

彩图 28　研究区域的海拔

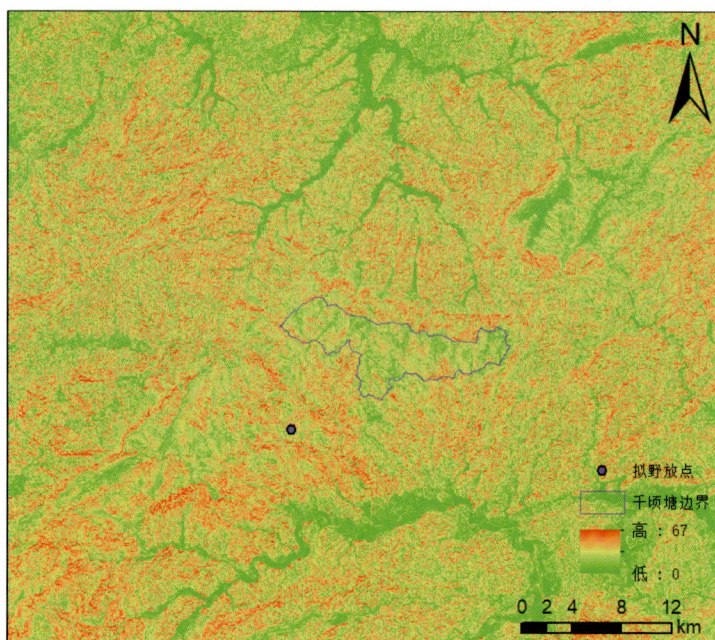

彩图 29　研究区域的坡度

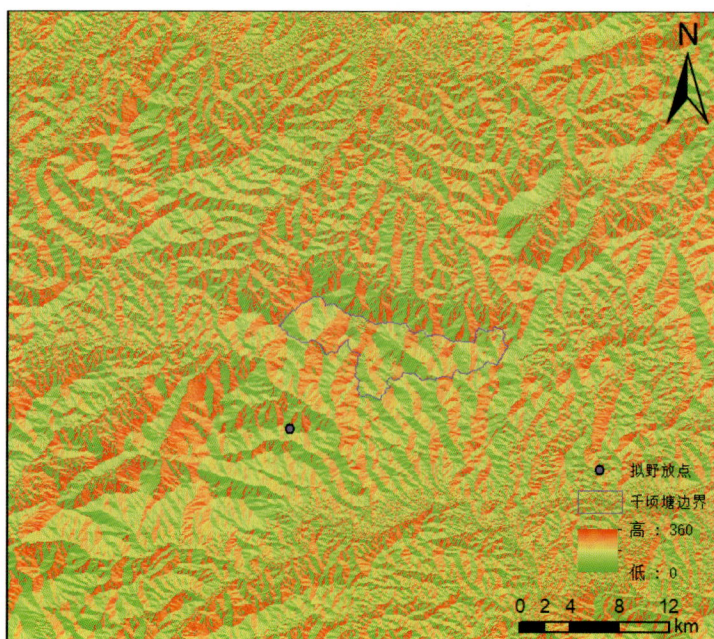

彩图 30　研究区域的坡向

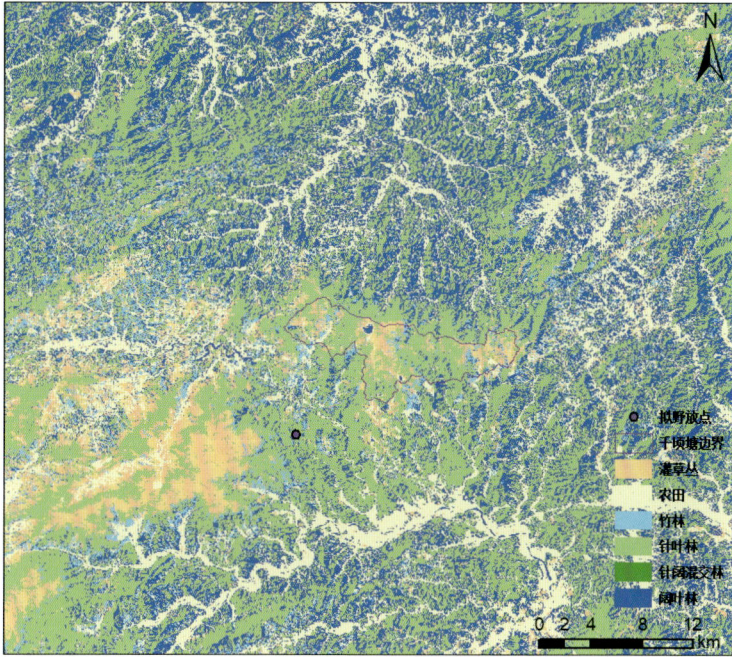

彩图 31　研究区域的植被类型

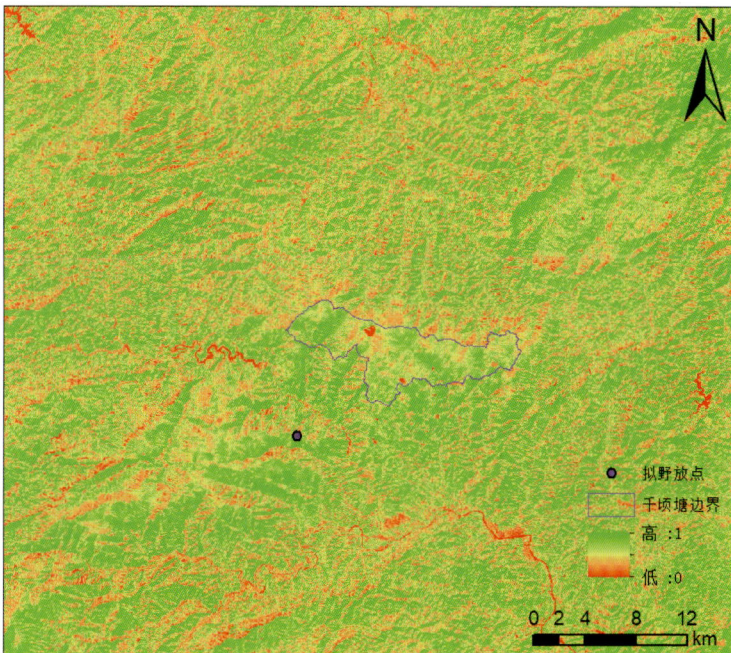

彩图 32　研究区域的归一化植被指数

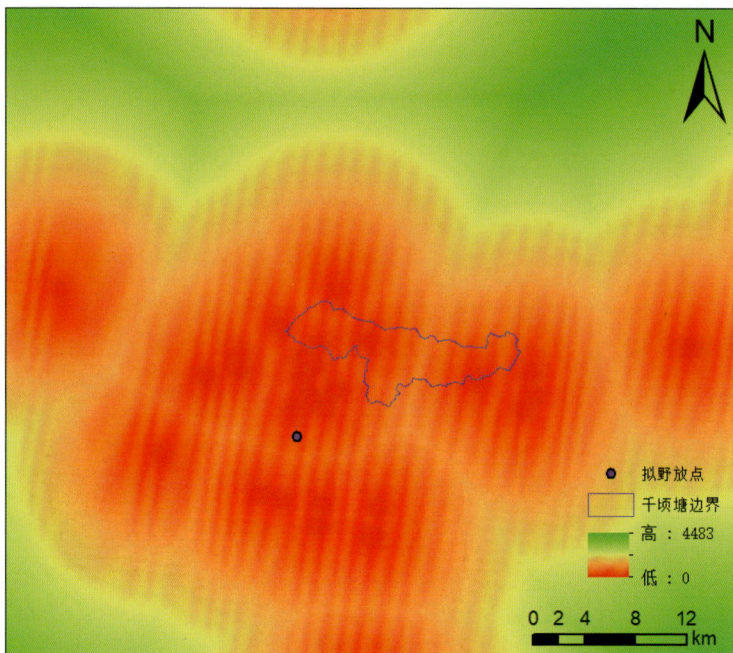

彩图 33　研究区域距居住点的距离

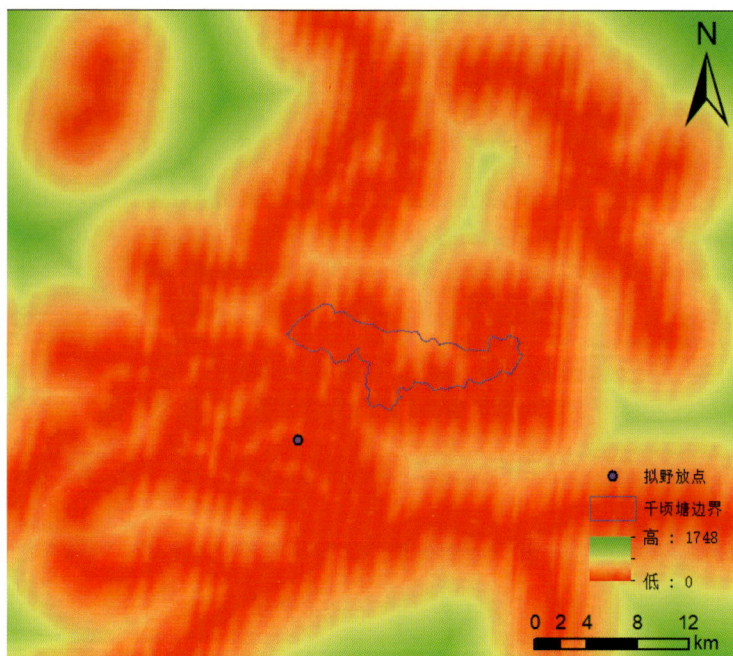

彩图 34　研究区域距道路距离

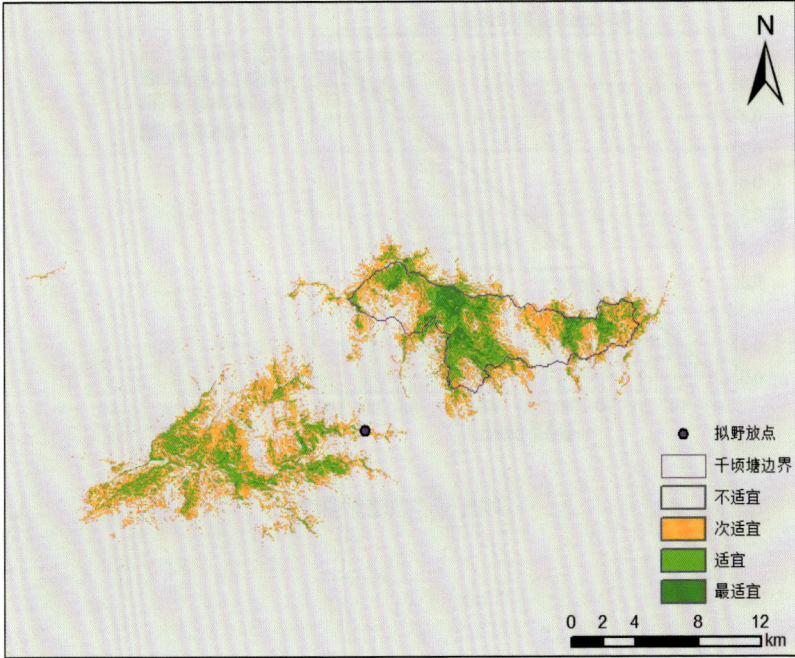

彩图 35  研究区域华南梅花鹿栖息地适宜性评价

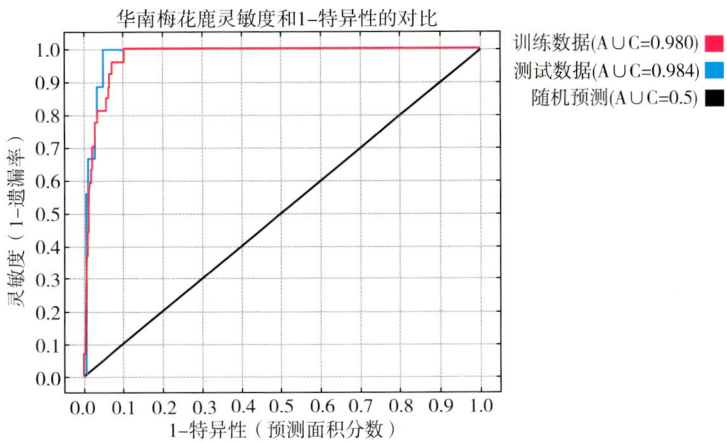

彩图 36  研究区域栖息地评价 ROC 曲线